\Focaccia/

\Focaccia/

簡單 7 Steps！

30款美味佛卡夏 幸福出爐

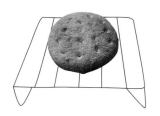

濕潤順口·Q軟彈牙！
內附抹醬&湯品食譜！

河井 美步

Vegetable

Herb garden

我從二十幾歲開始製作麵包，至今已度過十五年以上的烘焙時光了。

發酵後膨脹的麵團，就好像嬰兒的臉頰般柔嫩可愛；

烘烤完成的鬆軟麵包，使整間屋了飄散著小麥的迷人香氣……

成為料理家的初衷、在料理教室所獲得的感動，都是我一生難忘理念與回憶。

我一旦喜歡上一件事情，就會埋首深究。

因此，也曾就讀專門學校或參加以成為專家為訴求的講習會，

使生活慢慢地與麵包製作密不可分。

自從開設麵包教室以來已有七年時間，比起所謂的頂級美味，更想向大家介紹每天都可以開心享用的麵包，

及在家即可動手製作的美味食譜。並不斷地以這樣的原則反覆嘗試烘烤。

本書的目的在於，讓初學者也能零失敗作出「簡單又美味」的佛卡夏。其中，材料使用了日本產的小麥，

並以濕潤、彈牙口感為主軸，搭配季節性的蔬菜或水果，不受佛卡夏既定的形式限制，設計出嶄新創意的佛卡夏變化食譜。

「想要讓家人吃安心」、「解決小朋友蔬菜攝取不足的問題」、「可以在大人的聚會大展身手，烘烤出滿意的麵包」……

集結許多新手的願望，而撰寫出這一本關於佛卡夏的書。

倘若平日裡沒有作麵包習慣的您，能以本書當成豐富生活的一種契機，我將會非常開心。

河井美步

Contents

Lesson1　基本款佛卡夏的作法

Lesson 2　佛卡夏・主食篇

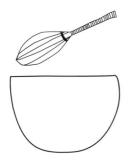

Lesson 3　佛卡夏・甜點篇

本書的標準

＊計量單位為1大匙＝15㎖、1小匙＝5㎖。

＊烤箱的烘烤時間為基準。
　依廠牌和機種的不同，有所差異，請一邊觀察烘烤的狀態，
　一邊調整溫度和時間。

＊本書的食譜是以同一台烤箱進行兩次的發酵和烘烤製作而成。
　若家中有發酵箱或是兩台以上的烤箱，
　請配合各個步驟的時間點預熱烤箱。

Lesson 4　佛卡夏的變化吃法

搭配佛卡夏的四種湯品

搭配佛卡夏的四種沙拉

以佛卡夏製作的六種三明治

關於佛卡夏

1　什麼是佛卡夏？

所謂的佛卡夏，是一種源自於義大利的扁平狀麵包。focus在拉丁語中為「爐子」之意。引申為以暖爐的火烘烤而成的麵包。佛卡夏也被認為是比薩的原型，其歷史需要追溯至古羅馬時代，是一道從古時候開始流傳至今的家庭料理。

2　不加奶油&蛋

本書介紹的佛卡夏，主要材料有小麥粉、酵母、砂糖、鹽、水、橄欖油。不使用奶油、蛋，健康不膩口，很適合當成每天的主食。

3　特別推薦給初次製作麵包的人！

佛卡夏的配方、作法對即使是初次製作麵包的人而言，也很簡單、不容易失敗。稍微揉捏不均勻也完全沒問題。材料容易取得簡單，沒有烤模也OK。讓我們像義大利人一樣優雅慵懶地製作吧！

4 即使冷掉、隔夜，也很美味！

含有大量橄欖油的佛卡夏，烘烤後，會形成脆脆又鬆軟的口感。冷卻後，濕潤口感的尤其美味。如果放入冰箱冷凍，可以保存更長的賞味期。

5 以日本產小麥麵粉製作，口感濕潤又彈牙！

本書介紹的佛卡夏，使用的是日本產小麥的「春之戀」麵粉（參閱P.10）。作出來的麵包口感濕潤又彈牙。好像米一樣，可以烘烤出甘甜醇厚的風味。同時具有飽足感，特別推薦當成早餐。

7 佛卡夏上的孔洞

為什麼佛卡夏上會有孔洞呢？有著這三大原因：為了讓麵包體的厚度均等，不會過度膨脹；可使讓橄欖油和鹽充分融入麵團裡；讓佛卡夏的麵團維持在扁平的狀態，以作出扎實口感。試著追求自己喜歡的口感，也是一種樂趣喔！

6 以簡單的基底麵團作出不同的變化！

佛卡夏適合搭配蔬菜或水果等各式各樣的食材。如果掌握基本麵團的作法，即可自由地作出不同變化。不管是當成主食或當成甜點，請試著使用自己喜歡的食材製作喔！

製作佛卡夏的 **7** steps

一起來認識佛卡夏製作的大致流程吧！

STEP 1 ▶ .... STEP 2 ▶ .... STEP 3 ▶ .... STEP 4 ▶ ....

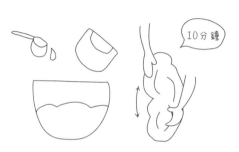

10分鐘

以袋子包住
靜置

輕輕地

準備・計量
（約15分鐘）

計量全部的材料。需要事前處理的配料，請先處理。依不同的配料，事前處理所花費的時間也有所差異。

麵團製作（攪拌・揉製）
（約15分鐘）

將小麥粉、酵母、砂糖、鹽、水、橄欖油放入調理盆裡混合攪拌，作出基底麵團。如果是佛卡夏的麵團，稍微揉捏不均勻也ok。請以雙手感受麵團變化的樂趣。約10至15分鐘即可揉捏完成。

第一次發酵（維持35℃
至40℃靜置40至60分鐘）

麵團揉至表面光滑後，移至溫暖處，進行第一次發酵。待麵團膨脹至2倍大，不必焦急，請悠閒地等待。在等待的過程中，可動手製作其他料理或家事。當然也可以當成享用咖啡的愜意時光。

排氣・（分割）
靜置時間（約15分鐘）

麵團膨脹至2倍大後，整體輕輕地按壓，以排出麵團中的氣體。分割時，以刮板分切，再將麵團重新揉圓。因為分割和揉圓的動作會使麵團受傷，請保持乾燥狀態，使麵團休息約15分鐘。

STEP 5

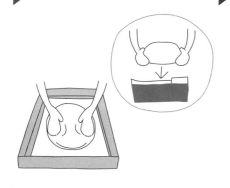

成形
（5至15分鐘）

將麵團壓開，放入烤模，
鋪上配料，都是在這個時
間點進行。

STEP 6

第二次發酵（維持35℃
至40℃靜置20至40分鐘）

成形完成後，進行第二次
發酵，待麵團膨脹至1.5倍
的程度。
※室溫比較高的夏季，以
35℃為發酵的標準，其他
季節則以40℃為標準。

STEP 7

預熱

烘烤·完成
（約20分鐘）

配合第二次發酵完成的時
間點，先將烤箱預熱，就
可以準備烘烤了。請確實
地烘烤至麵團的底部呈現
完美的烤色。烘烤完成
後，取下烤模，放在冷卻
架上冷卻。

＼ 製作完成！ ／

熱呼呼

製作完成！
請享用。

總花費時間約160分鐘。

基本材料

❶ 高筋麵粉

本書使用的是日本產高筋麵粉「春之戀」。以北海道產春天播種的小麥製作而成的佛卡夏，可作出細膩的質感、彈牙的口感。

咀嚼時，小麥的甘甜和香氣會溢散開來，這種醇厚的味道，彷彿像米一樣。

❷ 砂糖

砂糖使用的是以純粹甜味為主的粗糖。因為粗糖不是化學精製的糖種，比起上白糖，風味更天然；比起黑糖，也不會有太醇厚的味道。

甜味單純，且礦物質含量豐富，可呈現出順口的風味。

❸ 鹽

天然的鹽具有大量的礦物質，味道甘甜又醇厚。製作佛卡夏時，毋須讓鹽味過度出突出，因此，天然的鹽種最為適合。

❹ 乾燥酵母

這是一種速發乾燥酵母，具有穩定又容易成功的特質，特別推薦給初次製作麵包的人。

❺ 天然酵母

對於想以天然酵母享受製作佛卡夏樂趣的人而言，特別推薦白神酵母。毋需預備發酵和培養酵母的過程，方便使用。

因甘味和芳醇的香氣廣受歡迎。

❻ 太白芝麻油

在本書的Lesson 3的甜點篇中，使用的油是作點心用的太白芝麻油。味道清爽，可以作出濕潤、輕盈的質感（亦可以米油、椰子油、菜籽油取代）。

❼ 橄欖油

佛卡夏的美味關鍵在於油和鹽。不妨使用香味十足又新鮮的extra virgin橄欖油。挑選橄欖油時，請選用榨油程序沒有經過加熱處理的款式。

我的愛用品為Orcio Sannita 500㎖。

❽ 岩鹽

烘烤佛卡夏時，使用的是礦物質豐富的岩鹽。粗粒的岩鹽完成時，以研磨器大量撒上。這個步驟也是製作佛卡夏的一種樂趣。

以簡單的材料製作佛卡夏，材料的品質成為美味的關鍵。以下詳細介紹本書所使用的材料。

 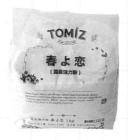

春之戀（日本產高筋麵粉）1kg

種子島產原糖 500kg

沖繩海鹽 シママース 1kg

Saf（紅色）速發乾燥酵母 125kg

白神酵母（乾）50g（10g×5包）

竹本油脂 太白胡麻油 200g

Orcio Sannita 500㎖

岩鹽（參考商品）

基本工具

為了可以順利地製作佛卡夏，以下介紹八個必備工具。

計量杯

計量水的份量時使用。
請選用每10㎖有清楚標示的款式。

刮板（塑膠片）

處理麵團不可欠缺的工具。直線部分用於分割麵團；圓弧部分用於將材料在調理盆中攪拌及不沾黏地取出麵團。

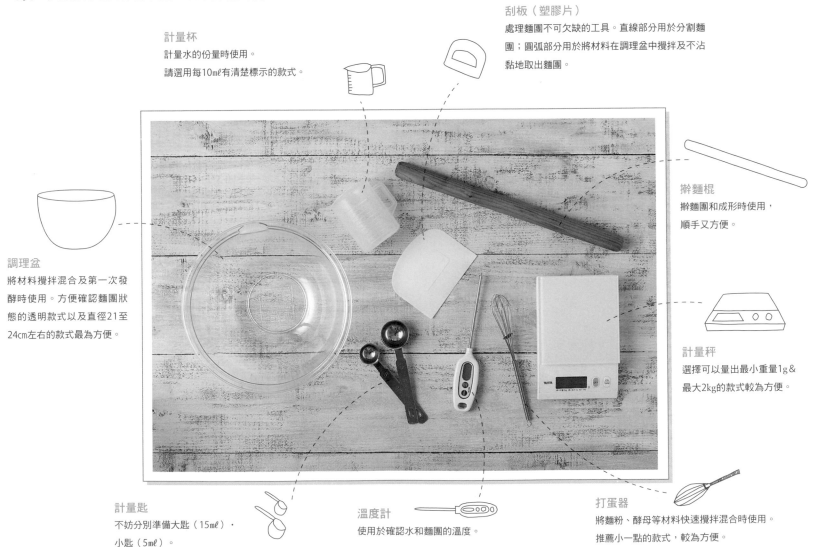

擀麵棍

擀麵團和成形時使用，
順手又方便。

調理盆

將材料攪拌混合及第一次發酵時使用。方便確認麵團狀態的透明款式以及直徑21至24㎝左右的款式最為方便。

計量秤

選擇可以量出最小重量1g＆最大2kg的款式較為方便。

計量匙

不妨分別準備大匙（15㎖）、
小匙（5㎖）。

溫度計

使用於確認水和麵團的溫度。

打蛋器

將麵粉、酵母等材料快速攪拌混合時使用。
推薦小一點的款式，較為方便。

製作麵包的 三點 注意事項

～以製作美味佛卡夏，需要特別留意的三大重點～

1 關於發酵

～依季節的不同，調整溫度和水溫～

● 沒有溫度計的時候
試著調出和人體肌膚差不多溫度的溫水。

● 發酵時間以麵團徹底膨脹為標準
氣溫較高，發酵時間較短；氣溫較低，發酵時間則需要比較久。
以表格為標準，第一次發酵以麵團膨脹為2倍程度、第二次發酵以麵團膨脹為1.5倍程度，以此衡量發酵時間。

～溫水‧發酵溫度一覽表～

季節	溫水的溫度	第一次發酵的標準	第二次發酵的標準
春‧秋	約38℃	以40℃ 靜置45分以上	以40℃ 靜置25分以上
夏	約35℃	以35℃ 靜置40分以上	以35℃ 靜置20分以上
冬	約40℃	以40℃ 靜置50分以上	以40℃ 靜置30分以上

2 關於水分

～以食譜的水分為標準。依使用的麵粉、季節和環境調整水分～

● 添加蔬菜泥的佛卡夏，因蔬菜含有的水分，硬度會產生差異。準備稍微多一點的溫水，請一邊調整水的分量，一邊揉捏麵團。

● 使用其他國家產的小麥
依使用的麵粉的不同，吸水率會有所差異。使用其他國家產的小麥時，麵團變得比較硬，請試著多加入5㎖（1小匙）的水分。

● 依濕度的不同，調整食譜的水分
夏天…高溫、濕度高的季節，減少5㎖左右的水分。
冬天…如果是麵團容易乾燥的季節，則多加入5㎖左右的水分再開始揉製。

● 如果熟練了麵包製作後
請試著將水分增加5㎖（1小匙）製作，可以作出口感更彈牙、濕潤的佛卡夏。

3 關於烤箱

～不妨觀察自家的烤箱最適當的溫度～

本書標示的烘焙溫度和時間，是以家庭用電子烤箱為標準。
依烤箱的不同，熱的傳導方法也會有所差異，請將標記的溫度和時間當成參考，試著觀察自家烤箱的最適當溫度。
溫度不足的時候，長時間烘烤會使麵團變得乾巴巴的，**因此，請維持烘烤時間，將溫度提高。**

Column ～關於烤模～

本書使用的烤模分別為18㎝的方形烤模和磅蛋糕烤模。使用這兩種烤模，可以烘烤出濕潤的質感。使用烤模烘烤會花費比較多的時間，因此，請試著將確認佛卡夏的烘烤時間當成一種樂趣喔！

有此一說，佛卡夏是義大利的父親家族慶祝某件事情會烘烤的麵包，因為是很隨性的麵包，將麵包作成扁扁的烘烤也完全沒有問題。

但是，使用烤模烘烤則是截然不同的氣氛，不管是哪一種烘烤方式，請依自己的喜好選擇。

Lesson1

基本款佛卡夏作法

小麥粉・酵母・砂糖・鹽・水・橄欖油。

以這6種材料進行製作的基本款佛卡夏，

是本書食譜裡一定要熟練基本的步驟，

一起來品嚐佛卡夏「濕潤＆彈牙」的原始風味吧！

\ Focaccia //

使用簡單的材料，毋需繁瑣的步驟，只需要以手壓開的簡易佛卡夏。

抱著期待興奮的心情製作，就是最美味的調味料。首先，試著輕鬆地製作看看吧！

想一直製作的經典口味

基本款佛卡夏

材料（直徑20cm＊1個份）

A
- 高筋麵粉 ································· 250g
- 砂糖 ····································· 2小匙
- 鹽 ······································· 1小匙
- 乾燥酵母 ······························· ⅔小匙

溫水（約38℃）···················· 160㎖
橄欖油 ································· 2大匙

【烘烤用】

橄欖油 ································· 適量
岩鹽 ··································· 適量

＜作法＞

1．計量

將 Ⓐ 放入調理盆裡，以打蛋器攪拌混合。

倒入溫水。

2．製作麵團（攪拌・揉捏）

以刮板攪拌。

倒入橄欖油。

2．製作麵團（攪拌・揉製）

揉製麵團。
好像在擦拭作業檯般，往前推開再拉回，反覆進行這個步驟。

讓麵團不會沾黏地收成一團往回拉，即表示完成。

以刮板將手上的麵團刮取成團，非常方便。

重新揉圓。
讓表面好像形成一層膜似地整成圓形。

3．第一次發酵

4．靜置時間

發酵前。
將收口朝下，放入調理盆裡。

將調理盆放入塑膠袋裡，以35℃至40℃發酵約40至60分鐘。（參閱P.13）

發酵後。
膨脹至2倍程度即表完成。

排氣。
輕輕地按壓麵團整體。

重新揉圓。
將質感調整成彈性肌膚的感覺。

靜置時間15分鐘。
為了避免麵團乾燥，以調理盆蓋住。

5．成形

將麵團擀平成直徑20cm的圓形（如果會黏手，往手上塗少量的橄欖油）。

6．第二次發酵

不讓塑膠袋碰觸到麵團，將麵團放在烤盤上，以35℃至40℃發酵15至30分鐘（如果麵團膨脹成1.5倍的程度，即表完成）。

※在發酵完成前5至10分鐘，開始預熱烤箱。

4．烘烤

將整體淋上大量的橄欖油。

以手指壓出孔洞。

撒上岩鹽，放入烤箱烘烤。
電子式烤箱：以210℃烘烤18分鐘以上

※分割麵團

以刮板將麵團切成均等的大小（以手撕開，較容易破壞麵團）。

以天然酵母製作　～白神酵母～

對初次製作麵包的人而言，白神酵母是可以簡單上手的酵母種類。
沒有任何添加物，有益身體健康，也是其優點。

溫度
30℃至35℃

│ 將1小匙的酵母撒入2大匙的溫水（※）裡。

全年融化酵母的溫度，請保持在30℃至
35℃。對於白神酵母而言，也是最適合
的溫度。

靜置
5分鐘

2 直接靜置5分鐘左右。

如果馬上使用，酵母會凝固，請特別注
意。

仔細地
溶解

3 充分地溶解。

因為底部容易會有酵母結塊，請仔細地
攪拌溶解。

材料（直徑20cm＊1個份）

- A 高筋麵粉 ························· 250g
　　砂糖 ··························· 2小匙
　　鹽 ···························· 1小匙
　白神酵母 ························· 1小匙
　溫水（30℃至35℃左右）······· 2大匙（※）

　溫水（30℃至35℃左右）······· 130㎖
　橄欖油 ··························· 2大匙

＜作法＞
和基本款佛卡夏的作法（參閱P.17至19）相同。

●加入融化的白神酵母的時間點，請在作法1
「倒入溫水」的時間點加入。

●全部的食譜都可以將乾酵母換成白神酵母製作。
請將2大匙融化在溫水的酵母，從食譜中的水分扣除。

＜發酵的標準＞
～以比乾燥酵母稍微低一點的溫度發酵～
第一次發酵 以35℃左右發酵50分以上
第二次發酵 以30℃至35℃左右發酵45分以上

※天然酵母發酵會緩慢地進行，請靜靜地等待麵團膨脹。

關於白神酵母

在世界遺產「白神山地」發現的純野生酵母。因為含有大量的
海藻糖，即使只加入少少的砂糖，也能呈現出自然的甘甜味，
可以烘烤出質感細緻又濕潤的口感。

佛卡夏的賞味期限＆保存方法

●佛卡夏的美味賞味期限為烘烤完成至隔天。隔夜毋需放入冰箱冷藏，置於常溫下即可，但為了防止乾燥須密封保存。
　若隔天吃不完的時候，建議放入冰箱冷凍庫保存。

●添加很多蔬菜和水果的佛卡夏，建議在當天食用完畢。

佛卡夏的冷凍方法

冷凍用
保存袋

1　將佛卡夏切成2至3cm的厚度，再
　　將每一塊以保鮮膜包住。

2　再放入冷凍用保存袋內，放入冰
　　箱冷凍保存。

食用冷凍過的佛卡夏的時候

從冷凍庫取出，直接包著保鮮膜解凍，放入烤箱，烘烤至稍微產生焦黃色再食用。
如果在表面噴上一些水氣再加熱，烤出的麵包會更美味。
放置一些時間變硬的佛卡夏，以蒸籠蒸熱，可使麵包體恢復膨脹，變得熱呼呼的。

Column ～蔬菜～

選擇蔬菜時，品質、季節及其生長的土壤有很重要的關係。因此，我最喜歡產地直送的蔬菜。若是向在地生產的菜農直接購買蔬菜，不知不覺就會向他們攀談起來，更能了解蔬菜的狀況。剛剛採摘下來的蔬菜非常鮮美，不論如何料理都會很好吃。因此，我總是在思考著如何展現這些新鮮蔬菜的魅力。想要品嚐蔬菜的甜味時，會選擇將蔬菜充分加熱。享受蔬菜的苦味？或以辣味當成重點？運用口感好像也不錯？萌發出各種靈感。思考手上的蔬菜適合什麼樣的料理方法也是我的樂趣之一。

Lesson 2

佛卡夏・主食篇

熟練製作基本款佛卡夏後，

試著挑戰華麗的變化款吧！

任何當季食材都可以烘烤的佛卡夏，

只需要吃一個麵包就能攝取均衡的營養！

請試著多製作幾次，找出最喜歡的份量。

············· Memo

在麵團裡或麵包上放入
大量的檸檬皮。
可散發出令人食指大動的清爽香氣，
搭配任何料理都非常適合。

基底麵團：

材料（18×24cm＊1個份）

Ⓐ
- 高筋麵粉 ························· 250g
- 砂糖 ····························· 1小匙
- 鹽 ································· 1小匙
- 乾燥酵母 ······················· ⅔小匙

- 溫水（約38℃）················· 150㎖以上
- 橄欖油 ·························· 1又½大匙
- 馬鈴薯 ·························· 中型1顆（淨重80g）
- 檸檬皮 ·························· ½顆份

【烘烤用】
- 橄欖油 ·························· 適量
- 岩鹽 ····························· 適量
- 迷迭香 ·························· 適量
- 檸檬皮 ·························· ½顆份

【準備】
●將馬鈴薯直接帶皮以保鮮膜包住，以600W的微波爐加熱3至4分鐘。趁熱剝皮，搗成泥備用。
●準備多一點的溫水備用。

【作法】

1 計量
將Ⓐ放入調理盆裡，以打蛋器攪拌混合後，倒入溫水。

2 製作麵團（攪拌‧揉製）
以刮板攪拌麵團，拌至粉末消失的狀態後，放入橄欖油、馬鈴薯泥和檸檬皮 ⓐ。麵團拌成團後，移至作業檯上，揉至表面光滑 ⓑ。完成後重新揉圓，將收口朝下放入調理盆中。

3 第一次發酵
將調理盆放入塑膠袋裡，維持35℃至40℃靜置40分鐘，進行第一次發酵，讓麵團膨脹至2倍左右的大小。

4 排氣‧靜置時間
排氣，重新揉圓，靜置15分鐘。

5 成形
直接將收口朝下，以手一邊壓平，一邊排氣，壓成18×24cm的長方形（表面塗上橄欖油，不容易破壞麵團，操作方便），放在鋪上烘焙紙的烤盤上。

6 第二次發酵
將烤盤放入大一點的塑膠袋裡，維持35℃至40℃靜置20分，進行第二次發酵。

7 烘烤
在麵團整體淋上橄欖油，在以手指壓出孔洞處，放入迷迭香。撒上岩鹽，鋪上檸檬皮ⓒ，烘烤至呈現漂亮的烤色。
■電子烤箱：以210℃烘烤18分鐘以上

One Point
●檸檬皮是直接研磨檸檬表皮。

將當成開胃菜的配料包進麵包中，製作出豐富濃郁的內餡。

切片後的模樣也很賞心悅目，是一款擁有可口外型的佛卡夏。

即使冷掉也很美味，特別推薦外出帶著吃。　**鮭魚×奶油起司×蒔蘿**

基底麵團：

材料（18×24cm＊1個份）

A
- 高筋麵粉 ················· 200g
- 低筋麵粉 ················· 50g
- 砂糖 ····················· 2小匙
- 鹽 ······················· 1小匙
- 乾燥酵母 ················· ⅔小匙

- 溫水（約38℃） ··········· 150㎖
- 橄欖油 ··················· 2大匙

【成形用】
- 煙燻鮭魚 ················· 100g
- 奶油起司 ················· 70g
- 蒔蘿 ····················· 適量

【烘烤用】
- 橄欖油 ··················· 適量
- 岩鹽 ····················· 適量
- 蒔蘿 ····················· 適量

【作法】

1 計量
將 A 放入調理盆裡，以打蛋器攪拌混合後，倒入溫水。

2 製作麵團（攪拌‧揉製）
以刮板攪拌麵團，拌至粉末消失的狀態後，倒入橄欖油。麵團成團後，移至作業檯上，揉至表面光滑。完成後重新揉圓，將收口朝下放入調理盆中。

3 第一次發酵
將調理盆放入塑膠袋裡，維持35℃至40℃靜置40分鐘，進行第一次發酵，讓麵團膨脹至2倍左右的大小。

4 排氣‧靜置時間
按壓麵團排氣，再以刮板分切成兩塊。個別重新揉圓，靜置15分鐘。

5 成形
以手掌輕壓排氣。將收口朝下，以手一邊按壓，一邊將麵團壓成18×24cm的長方形（另一塊麵團也以相同的作法完成）。將其中一片麵團放在鋪上烘焙紙的烤盤上，再以奶油起司→煙燻鮭魚→蒔蘿的順序，排列其上 a ，再蓋上另一片麵團 b c 。

6 第二次發酵
將烤盤放入大一點的塑膠袋裡，維持35℃至40℃靜置20分鐘，進行第二次發酵。

7 烘烤
在麵團整體淋上橄欖油，以手指壓出孔洞。撒上岩鹽和蒔蘿，烘烤至呈現漂亮的烤色。
■電子烤箱：以210℃烘烤18分鐘以上

Memo

將洋蔥的辛辣味轉變成甜味，並在內餡加入鮪魚和火腿，
豐富的內餡與蓬鬆口感的麵團十分對味！

以起司的鹹味引出洋蔥的香甜　**洋蔥×巴西利×起司**

材料（18cm方形烤模＊1模份）

A
- 高筋麵粉 ……………………………… 250g
- 砂糖 …………………………………… 2小匙
- 鹽 ……………………………………… 1小匙
- 乾燥酵母 ……………………………… 1/3小匙

- 溫水（約38℃）……………………… 160ml
- 橄欖油 ………………………………… 2大匙
- 洋蔥 …………………………………… 1/2顆份
- 巴西利 ………………………………… 適量
- 黑胡椒 ………………………………… 適量

【烘烤用】
焗烤用起司 ……………………………… 適量

【準備】
● 將洋蔥切碎成7mm見方的小丁；巴西利葉柔軟的部分也切碎，放在紙巾
上，去除水分。
● 將18cm的方形烤模鋪上烘焙紙備用。

【作法】

1 計量
將A放入調理盆裡，以打蛋器攪拌混合後，倒入溫水。

2 製作麵團（攪拌‧揉製）
以刮板攪拌麵團，拌至粉末消失的狀態後，倒入橄欖油。麵團成團後，移至作業檯上，揉至表面光滑。將麵團整成23cm見方的四角形，在整體撒上洋蔥、巴西利和黑胡椒 a 。從靠近操作者那一側開始往前捲 b ，將收口封緊。將收口朝上，再次從靠近操作者那一側開始往前捲 c ，將收口朝下放入調理盆裡。

3 第一次發酵
將調理盆放入塑膠袋裡，維持35℃至40℃靜置40分鐘，進行第一次發酵，讓麵團膨脹至2倍左右的大小。

4 排氣‧靜置時間
輕壓麵團排氣，再重新揉圓，靜置15分鐘。

5 成形
直接以手按壓，將麵團壓成15cm見方的四角形，再將收口朝下放入烤模裡。

6 第二次發酵
將烤模放入塑膠袋裡，維持35℃至40℃靜置20分鐘，進行第二次發酵。配合發酵完成的時間點，先將烤盤放入烤箱預熱。

7 烘烤
在麵團整體撒上焗烤用起司和巴西利，烘烤至呈現漂亮的烤色。
■電子烤箱：以210℃烘烤18分鐘以上

One Point
● 成形的時候，如果麵團破掉、掉出洋蔥也沒關係。放入烤模烘烤，還是可以烤出漂亮的形狀。

··*Memo*

在全麥麵粉的麵團中，

加入了滿滿的核桃，

使這一款佛卡夏的味道富有層次。

將核桃的水分確實地瀝乾是製作重點。

品嚐小麥和核桃的香氣　**全麥麵粉×核桃**

基底麵團：

材料（18cm方形烤模＊1模份）

Ⓐ
- 高筋麵粉 ……………………… 200g
- 全麥麵粉 ……………………… 50g
- 砂糖 …………………………… 2小匙
- 鹽 ……………………………… 1小匙
- 乾燥酵母 ……………………… ⅔小匙

- 溫水（約38℃） ……………… 155mℓ
- 橄欖油 ………………………… 2大匙
- 核桃 …………………………… 100g

【烘烤用】
- 橄欖油 ………………………… 適量
- 岩鹽 …………………………… 適量

【準備】
- ●將核桃放入沒有預熱的烤箱，以150℃烘烤8分鐘，再泡入水中15分鐘左右，以紙巾確實瀝乾水分。
- ●將18cm方形烤模鋪上烘焙紙備用。

【作法】

1 計量
將Ⓐ放入調理盆裡，以打蛋器攪拌混合後，倒入溫水。

2 製作麵團（攪拌・揉製）
以刮板攪拌麵團，拌至粉末消失的狀態後，倒入橄欖油。麵團成團後，移至作業檯上，揉至表面光滑。將麵團擀成23cm見方的四角形，整體撒上核桃 Ⓐ，從靠近操作者的那一側開始往前捲 Ⓑ。將收口朝上再度從靠近操作者的那一側開始往前捲 Ⓒ，以手搓揉讓核桃散佈在各處，將收口朝下，放入調理盆裡。

3 第一次發酵
將調理盆放入塑膠袋裡，維持35℃至40℃靜置40分鐘，進行第一次發酵，讓麵團膨脹至2倍左右的大小。

4 排氣・靜置時間
輕壓麵團排氣，再重新揉圓，靜置15分鐘。

5 成形
以手掌輕壓排氣。直接以手按壓，壓出15cm見方的四角形，將收口朝下，放入烤模裡。

6 第二次發酵
將烤模放入塑膠袋裡，維持35℃至40℃靜置20分鐘，進行第二次發酵。配合發酵完成的時間點，先將烤盤放入烤箱預熱。

7 烘烤
在麵團整體淋上橄欖油，以手指壓出孔洞。撒上岩鹽，烘烤至呈現完美的顏色。
- ■電子烤箱：以210℃烘烤18分鐘以上

One Point
- ●將烤過的核桃預先泡水，就不會吸取麵團的水分，可以烤出濕潤口感的麵包。

搭配和風食材製作出

適合餐後點心時間的佛卡夏。

利用鹽的特性帶出麵團的彈牙口感，

完成這款散發著番薯＆芝麻香氣的美味點心。

忍不住放入大量烤番薯的麵包　**烤番薯×芝麻**

材料（20×25cm＊1個份）

A｛
高筋麵粉 ………………………………… 250g
砂糖 ………………………………………… 2小匙
鹽 ………………………………………… 1小匙
乾燥酵母 ………………………………… ⅔小匙

温水（約38℃）………………………… 160㎖
橄欖油 ……………………………………… 2大匙
烤番薯 ……………………………………… 200g
黑芝麻 ……………………………………… 2大匙

【烘烤用】
橄欖油 …………………………………… 適量
岩鹽 ……………………………………… 適量

【準備】
●將烤番薯直接帶皮切成2cm見方的塊狀備用。
●黑芝麻以平底鍋稍微乾煎備用。

【作法】

1 計量
將 Ⓐ 放入調理盆裡，以打蛋器攪拌混合後，倒入溫水。

2 製作麵團（攪拌・揉製）
以刮板攪拌麵團，拌至粉末消失的狀態後，倒入橄欖油。麵團成團後，移至作業檯上，揉至表面光滑。將麵團擀成23cm見方的四角形，在整體撒上烤番薯和黑芝麻 ⓐ。從靠近操作者的那一側開始往前捲 ⓑ，將收口封緊。將收口朝上，再度從靠近操作者的那一側開始往前捲 ⓒ，將收口朝下放入調理盆中。

3 第一次發酵
將調理盆放入塑膠袋裡，維持35℃至40℃靜置40分鐘，進行第一次發酵，讓麵團膨脹至2倍左右的大小。

4 排氣・靜置時間
輕壓麵團排氣，再重新揉圓，靜置15分鐘。

5 成形
以手掌輕壓排氣。直接以手按壓，將麵團壓成20×25cm的長方形，放在鋪上烘焙紙的烤盤上。

6 第二次發酵
將烤盤放入大一點的塑膠袋裡，維持35℃至40℃靜置20分鐘，進行第二次發酵。

7 烘烤
在麵團整體淋上橄欖油，撒上岩鹽，烘烤至呈現漂亮的烤色。
■電子烤箱：以210℃烘烤18分鐘以上

Whole Pizza

···················· *Memo* ····················

佛卡夏也被稱為是比薩的原形，很適合當成比薩麵團。
以可以襯托蔬菜的簡單調味，試著體驗食材的完美組合。

以花園為印象！ 將食材整齊排列，作出宴客用餐點的華麗感。

傳統Pizza／條狀Pizza

材料
（傳統：直徑30㎝＊1個份／條狀：長度20㎝＊6條份）

Ⓐ
高筋麵粉 ························· 250g
砂糖 ····························· 2小匙
鹽 ······························· 1小匙
乾燥酵母 ······················ ⅔小匙

溫水（約38℃）················· 160㎖
橄欖油 ·························· 2大匙

【成形用】
季節蔬菜 ······················ 適量
（櫛瓜‧小番茄‧蓮藕‧玉米‧小洋蔥等）

【烘烤用】
橄欖油 ·························· 適量
岩鹽 ···························· 適量
喜歡的香草
（百里香、奧勒岡等）··········· 適量
喜歡的起司 ···················· 適量

【準備】
●成形用蔬菜請事先各別處理，切塊或是切薄片備用（根莖類的蔬菜稍微以鹽水煮過，小洋蔥直接帶皮放入烤箱，以200℃的烘烤25分鐘左右再剝皮）。

【作法】

1 計量
將 Ⓐ 放入調理盆裡，以打蛋器攪拌混合後，倒入溫水。

2 製作麵團（攪拌‧揉製）
以刮板攪拌麵團，拌至沒有粉末後，倒入橄欖油。麵團成團後，移至作業檯上，揉至表面光滑。先成俊重新揉圓，將收口朝下放入調理盆裡。

3 第一次發酵
將調理盆放入塑膠袋裡，維持35℃至40℃靜置40分鐘，進行第一次發酵，讓麵團膨脹至2倍左右的大小。

4 排氣‧靜置時間
輕壓麵團排氣，再重新揉圓，靜置15分鐘。

5 成形
【傳統】
將收口朝下，以手掌輕壓排氣。將麵團重新揉圓，放在烘焙紙上，以擀麵棍擀成直徑30cm的圓形 ⓐ（如果麵團會沾黏，可以在表面塗上橄欖油）。排列上蔬菜 ⓑ，再將烘焙紙放在烤盤上。

【條狀】
將收口朝下，以手掌輕壓排氣。將麵團重新揉圓，放在烘焙紙上。將擀麵棍以十字形，往上下左右擀動，調整成20×25cm的長方形。將烘焙紙放在烤盤上，再將蔬菜規則地排列 ⓒ。

6 第二次發酵
將烤盤放入大一點的塑膠袋裡，維持35℃至40℃靜置20分鐘，進行第二次發酵。
（傳統Pizza如果想要作出酥脆的口感，可不必進行第二次的發酵）

7 烘烤
將整體淋上橄欖油，撒上岩鹽，再撒上喜歡的香草和起司再烘烤。
條狀Pizza則是烘烤後，再切成條狀即可。

傳統　■電子烤箱：以250℃烘烤15分鐘以上
條狀　■電子烤箱：以210℃烘烤18分鐘以上

One Point
●成形的時候，在麵團塗上個人喜好的市售番茄醬也OK。

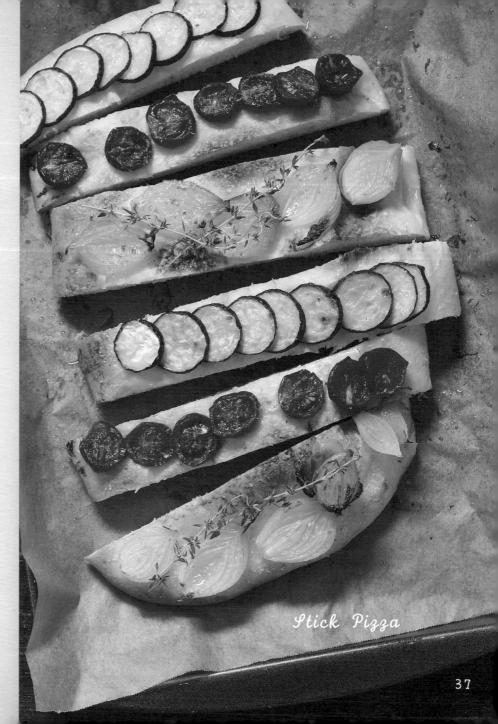

Stick Pizza

\Smile Focaccia/

\Smile/

3

\Smile/

Memo⋯⋯⋯⋯⋯

擁有可愛表情的佛卡夏，

帶給人們溫暖的氣息。

將大量的蔬菜鋪在麵包的表面，

為這一款佛卡夏的製作重點。

可愛的圓形麵包！ 微笑Pizza **Smile Focaccia**

紫芋叙佛卡夏

材料（直徑12cm＊8個份）

A
- 高筋麵粉 ⋯⋯⋯⋯⋯⋯⋯⋯⋯ 250g
- 砂糖 ⋯⋯⋯⋯⋯⋯⋯⋯⋯⋯⋯ 2小匙
- 鹽 ⋯⋯⋯⋯⋯⋯⋯⋯⋯⋯⋯⋯ 1小匙
- 乾燥酵母 ⋯⋯⋯⋯⋯⋯⋯⋯⋯ ⅔小匙

溫水（約38℃）⋯⋯⋯⋯⋯⋯⋯ 160㎖
橄欖油 ⋯⋯⋯⋯⋯⋯⋯⋯⋯⋯⋯ 2大匙

【成形用】
喜歡的蔬菜 ⋯⋯⋯⋯⋯⋯⋯⋯⋯ 適量
（花椰菜・蘆筍・玉米・橄欖・小番茄等）

【烘烤用】
橄欖油 ⋯⋯⋯⋯⋯⋯⋯⋯⋯⋯⋯ 適量
岩鹽 ⋯⋯⋯⋯⋯⋯⋯⋯⋯⋯⋯⋯ 適量

【準備】
●成形用蔬菜請事先各別處理備用
　（花椰菜和蘆筍以鹽水燙過）。

【作法】

1 計量
將Ⓐ放入調理盆裡，以打蛋器攪拌混合後，倒入溫水。

2 製作麵團（攪拌・揉製）
以刮板攪拌麵團，拌至沒有粉末後，倒入橄欖油，麵團成團後，移全作業檯上，揉至表面光滑。完成後再重新揉圓，將收口朝下放入調理盆裡。

3 第一次發酵
將調理盆放入塑膠袋裡，維持35℃至40℃靜置40分鐘，進行第一次發酵，讓麵團膨脹至2倍左右的大小。

4 排氣・分割・靜置時間
輕壓麵團排氣，再以刮板分切成8等分。個別重新揉圓，靜置15分鐘。

5 成形
將收口朝下，以手掌輕壓排氣。放在烘焙紙上，擀成直徑12cm的圓形，再將烘焙紙放在烤盤上。將蔬菜切成自己喜歡的大小，排出表情，稍微壓入麵團裡 ⓐ（剩下的麵團也以相同的方法製作）。

6 第二次發酵
將烤盤放入大一點的塑膠袋裡，維持35℃至40℃靜置10分鐘，進行第二次發酵。

7 烘烤
在麵團整體淋上橄欖油，撒上岩鹽，烘烤至呈現漂亮的烤色。
■電子烤箱：以230℃烘烤13分鐘以上

ⓐ

Memo

以當季的蔬菜為主角，放在手掌尺寸的麵團上，。
好像排列在時髦麵包店的佛卡夏，在家就可以自己製作！

40

在佛卡夏鋪上大自然的恩惠　季節蔬菜的Mini Focaccia

材料（直徑10cm＊8個份）

Ⓐ
- 高筋麵粉 ……………………………… 250g
- 砂糖 …………………………………… 2小匙
- 鹽 ……………………………………… 1小匙
- 乾燥酵母 ……………………………… ⅔小匙

溫水（約38℃） ……………………… 160㎖
橄欖油 ………………………………… 2大匙

【成形用】
季節蔬菜 ……………………………… 適量
例：春天…蠶豆・荷蘭豆・蘆筍・檸檬等
　　夏天…小番茄・羅勒・百里香等
　　秋天…秋季蔬菜佐蜂蜜芥末醬※
　　冬天…白花椰菜・蕪菁・胡蘿蔔等
焗烤起司 ……………………………… 適量

【烘烤用】
橄欖油 ………………………………… 適量
岩鹽 …………………………………… 適量
喜歡的香草 …………………………… 適量
喜歡的起司 …………………………… 適量

【前準備】
●成形用蔬菜請事先各別處理，切好備用（根莖類蔬菜・花椰菜・蠶豆・蘆筍以鹽水先燙過）。
●將秋季蔬菜佐蜂蜜芥末醬※先作好備用。

【作法】

1 計量
將Ⓐ放入調理盆裡，以打蛋器攪拌混合後，倒入溫水。

2 製作麵團（攪拌・揉製）
以刮板攪拌麵團，拌至粉末消失後，倒入橄欖油。麵團成團後，移至作菜檯上，揉至表面光滑。完成後再重新揉圓，將收口朝下放入調理盆裡。

3 第一次發酵
將調理盆放入塑膠袋裡，維持35℃至40℃靜置40分鐘，進行第一次發酵，讓麵團膨脹至2倍左右的大小。

4 排氣・分割・靜置時間
輕壓麵團排氣，以刮板將麵團分切成8等分。個別重新揉圓，靜置15分鐘。

5 成形
將收口朝下，以手掌輕壓排氣。放在鋪上烘焙紙的烤盤上，周圍留下1cm，按壓麵團的中心部分，壓成直徑10cm的圓形。將大量的季節蔬菜埋入似地鋪上ⓐ。在蔬菜的下面放上焗烤起司，蔬菜就不容易掉落（剩下的麵團也以相同方法製作）。

6 第二次發酵
將烤盤放入大一點的塑膠袋裡，維持35℃至40℃靜置15分鐘，進行第二次發酵。

7 烘烤
在麵團整體淋上橄欖油，撒上岩鹽、香草、起司。烘烤至呈現漂亮的烤色。
■電子烤箱：以210℃烘烤15分鐘以上

※秋季蔬菜佐蜂蜜芥末醬的作法（容易製作的份量）

南瓜…200g　　　蜂蜜芥末醬
番薯…150g　　　（蜂蜜・芥末籽各1大匙；醋½大匙；鹽・胡椒各適量・巴西利適量）
栗子…30g
橄欖油…1又½大匙
❶將南瓜和番薯切成2cm的方塊。將番薯泡水，瀝乾水分。
❷將❶和鹽（份量外）、橄欖油攪拌均勻。放在鋪上烘焙紙的烤盤上，再送入烤箱，以200℃烘烤13分鐘左右。
❸烤熟後，放入調理盆，加入栗子。拌入一開始就作好的蜂蜜芥末醬，再加入鹽、胡椒（各份量外）調味。

ⓐ

············· Memo ·············

在以番茄為基底的麵團上，放上手工的油漬風乾番茄。

是一款凝聚了太陽熱情的雙層番茄紅色佛卡夏。

番茄的甘味和甜味吃起來很過癮！ **番茄×自家製油漬風乾番茄**

基底麵團：

材料（直徑20cm＊1個份）

A
- 高筋麵粉 ⋯⋯⋯⋯⋯⋯⋯⋯ 250g
- 砂糖 ⋯⋯⋯⋯⋯⋯⋯⋯⋯⋯ 1小匙
- 鹽 ⋯⋯⋯⋯⋯⋯⋯⋯⋯⋯⋯ 1小匙
- 乾燥酵母 ⋯⋯⋯⋯⋯⋯⋯⋯ ⅔小匙

水煮番茄罐頭（切片）
（約38℃） ⋯⋯⋯⋯⋯⋯⋯ 100g
橄欖油 ⋯⋯⋯⋯⋯⋯⋯⋯⋯ 1又½大匙
馬鈴薯 ⋯⋯⋯⋯⋯⋯⋯⋯ 中型1顆（淨重80g）

【成形用】
自家製油漬風乾番茄※⋯⋯⋯⋯⋯⋯ 適量
橄欖油⋯適量

【烘烤用】
橄欖油 ⋯⋯⋯⋯⋯⋯⋯⋯⋯⋯⋯ 適量
岩鹽 ⋯⋯⋯⋯⋯⋯⋯⋯⋯⋯⋯⋯ 適量

【完成用】
百里香 ⋯⋯⋯⋯⋯⋯⋯⋯⋯⋯⋯ 適量

【準備】
●將自家製油漬風乾番茄※作好備用。
●將馬鈴薯直接帶皮以保鮮膜包住，以600W的微波爐加熱3至4分鐘。
　趁熱剝皮，搗成泥備用。

【作法】
1 計量
將 A 倒入調理盆裡，以打蛋器攪拌混合後，放入加熱過的水煮番茄。

2 製作麵團（攪拌・揉製）
以刮板攪拌麵團，拌至粉末消失後，放入馬鈴薯泥、橄欖油。麵團成團後，移至作業檯上，揉至其中一半的番茄被捏碎的感覺且表面光滑。完成後再重新揉圓，將收口朝下放入調理盆裡。

3 第一次發酵
將調理盆放入塑膠袋裡，維持35℃至40℃靜置40分鐘，進行第一次發酵，讓麵團膨脹至2倍左右的大小。

4 排氣・靜置時間
輕壓麵團排氣，再重新揉圓，靜置15分鐘。

5 成形
將收口朝上，以手掌輕壓排氣。將麵團塗上少許的橄欖油，擀成直徑20cm的圓形，放在鋪上烘焙紙的烤盤上。以手指壓出深一點的洞，填入油漬風乾番茄 a。

6 第二次發酵
將烤盤放入大一點的塑膠袋裡，維持35℃至40℃靜置20分鐘，進行第二次發酵。

7 烘烤
在麵團整體淋上橄欖油，撒上岩鹽，烘烤至呈現漂亮的烤色。撒上百里香即完成。
■電子烤箱：以210℃烘烤18分鐘以上

※自家製油漬風乾番茄的作法（小番茄1袋份）
❶將小番茄橫向對切。
❷排列在鋪上烘焙紙的烤盤上，以紙巾將表面的水分擦乾 b。
❸將整體撒上鹽，放入烤箱，以100℃烘烤90分鐘左右。以縮至⅔的大小為標準 c。

One Point
●將自家製的油漬風乾番茄慢慢地放入橄欖油裡，以冰箱冷藏可以保存3個月左右 d。
　可加入喜歡的香草和蒜頭。

在濕潤的南瓜麵團裡添加充滿香氣香草…… **南瓜×豆漿**

材料（直徑20cm＊1個份）

A
高筋麵粉	250g
砂糖	2小匙
鹽	1小匙
乾燥酵母	⅔小匙

無添加豆漿（約38℃）	150㎖以上
南瓜	淨重120g
橄欖油	2大匙

【烘烤用】
橄欖油	適量
岩鹽	適量
喜歡的香草	適量
（鼠尾草・迷迭香等）	

【準備】
- 將南瓜去籽去皮，切成一口大小，以600W的微波爐加熱3至4分鐘，搗成泥備用。
- 準備稍微多一點的溫水備用。

【作法】

1 計量
將 Ⓐ 倒入調理盆裡，以打蛋器攪拌混合後，倒入加熱過的豆漿。

2 製作麵團（攪拌・揉製）
以刮板攪拌麵團，拌至粉末消失後，放入南瓜泥、橄欖油。麵團成團後，移至作業檯上，揉至表面光滑。完成後再重新揉圓，將收口朝下放入調理盆裡。

3 第一次發酵
將調理盆放入塑膠袋裡，維持35℃至40℃靜置40分鐘，進行第一次發酵，讓麵團膨脹至2倍左右的大小。

4 排氣・靜置時間
輕壓麵團排氣，再重新揉圓，靜置15分鐘。

5 成形
將麵團擀成直徑20cm的圓形，放在鋪上烘焙紙的烤盤上。

6 第二次發酵
將烤盤放入大一點的塑膠袋裡，維持35℃至40℃靜置20分鐘，進行第二次發酵。

7 烘烤
在麵團整體淋上橄欖油，以手指壓出孔洞。撒上岩鹽、喜歡的香草，烘烤至呈現漂亮的烤色。
■電子烤箱：以210℃烘烤18分鐘以上

·· *Memo*
在麵團裡放入大量的南瓜和豆漿，
製成這一款口感濕潤溫和的佛卡夏。
若減少香草的用量，也很適合給小朋友吃。

在濕潤的麵包中，蔬菜的甜味和顆粒的口感很搭配！　**毛豆×玉米×豆漿**

材料（18×12cm橢圓形＊2個份）

A
- 高筋麵粉 ························· 250g
- 砂糖 ································ 2小匙
- 鹽 ·································· 1小匙
- 乾燥酵母 ························· ⅔小匙

- 無添加豆漿（約38℃）········· 180㎖以上
- 馬鈴薯 ·················· 中型1顆（淨重80g）
- 橄欖油 ····························· 2大匙

- 水煮過的毛豆 ················ 淨重80g
- 玉米 ································ 1條
　（若使用罐頭＝1罐130g）

【烘烤用】
- 橄欖油 ···························· 適量
- 岩鹽 ······························· 適量

【準備】
● 將馬鈴薯直接帶皮以保鮮膜包住，以600W的微波爐加熱3至4分鐘。趁熱剝皮，搗成泥備用。
● 將生的玉米剝成顆粒備用（若使用罐頭玉米，請將湯汁和果實分開，並以紙巾拭乾水分）。

【作法】

1 計量
　將 Ⓐ 倒入調理盆裡，以打蛋器攪拌混合後，倒入加熱過的豆漿。

2 製作麵團（攪拌・揉製）
　以刮板攪拌麵團，拌至粉末消失後，倒入馬鈴薯泥、橄欖油。麵團成團後，移至作業檯上，揉至表面光滑。
　將麵團擀開後，在整體撒上毛豆和玉米，從靠近操作者的那一側開始捲起。將收口朝上，再度從靠近操作者的那一側開始捲起，
　將收口朝下放入調理盆裡。

3 第一次發酵
　將調理盆放入塑膠袋裡，維持35℃至40℃靜置40分鐘，進行第一次發酵，讓麵團膨脹至2倍左右的大小。

4 排氣・分割・靜置時間
　輕壓麵團排氣，以刮板分切成2等分。個別重新揉圓，靜置15分鐘。

5 成形
　將收口朝上，以手掌輕壓排氣。從靠近自己的那一側往前捲，將收口確實封緊。調整成橢圓形，
　放在鋪上烘焙紙的烤盤上（另一個麵團也以相同的方法製作）。

6 第二次發酵
　將烤盤放入大一點的塑膠袋裡，維持35℃至40℃靜置20分鐘，進行第二次發酵。

7 烘烤
　在麵團整體淋上橄欖油，撒上岩鹽，烘烤至呈現漂亮的烤色。
　■電子烤箱：以210℃烘烤18分鐘以上

Memo

在馬鈴薯×豆漿的麵團裡，

放入大量的毛豆和玉米。

營養十足，

好像夏天農田一樣充滿活力。

45

將放入豆漿的菠菜泥（purée）加入麵團裡，

呈現溫口的風味。

是一款鬆軟彈牙的口感的手撕麵包，

即使不喜歡蔬菜的小孩子，也會一口接一口！

綠色蔬菜的溫和風味　**手撕麵包式菠菜佛卡夏**

材料（18cm方形烤模＊1模份）

Ⓐ
- 高筋麵粉 ……………………… 200g
- 低筋麵粉 ……………………… 50g
- 砂糖 …………………………… 2小匙
- 鹽 ……………………………… 1小匙
- 乾燥酵母 ……………………… ⅔小匙

- 溫水（約38℃）……………… 100㎖以上
- 菠菜泥※ ……………………… 淨重50g
- 橄欖油 ………………………… 2大匙

【烘烤用】
- 高筋麵粉 ……………………… 適量

【準備】
- ●將菠菜泥※先作好備用。
- ●將18cm的方形烤模鋪上烘焙紙備用。

【作法】

1 計量
將Ⓐ倒入調理盆裡，以打蛋器攪拌混合後，倒入溫水和菠菜泥。

2 製作麵團（攪拌・揉製）
以刮板攪拌麵團，拌至粉末消失後，倒入橄欖油。麵團成團後，移至作業檯上，揉至表面光滑。完成後再重新揉圓，將收口朝下放入調理盆裡。

3 第一次發酵
將調理盆放入塑膠袋裡，維持35℃至40℃靜置40分鐘，進行第一次發酵，讓麵團膨脹至2倍左右的大小。

4 排氣・分割・靜置時間
輕壓麵團排氣，一邊以計量秤測量重量，以刮板分切成16等分（如果正確計量，就不容易烘烤不均）。重新將麵糰揉圓，靜置15分鐘。

5 成形
將收口朝下，以手掌輕壓排氣。以靜置時間之前重新揉圓的順序，再次將麵團重新揉圓，排列在方形烤模裡 ⓐ 。

6 第二次發酵
將烤模放入塑膠袋裡，維持35℃至40℃靜置20分鐘，進行第二次發酵，讓麵團膨脹至烤模的八成，即表示完成。配合發酵完成的時間點，將烤盤放入烤箱預熱。

7 烘烤
將麵團表面以濾網撒上一層薄薄的高筋麵粉，烘烤至呈現漂亮的烤色。
■電子烤箱：以190℃烘烤20分鐘以上

※菠菜泥的作法（容易製作的份量）
菠菜…100g　　無添加豆漿…100㎖
❶將菠菜放入熱鹽（份量外）水中軟化。
❷浸泡冷水，再確實瀝乾水分。切碎後，和豆漿一起以果汁機攪打成泥狀。

One Point
- ●將菠菜泥小包分裝，保存在冷凍庫，可以保存約1個月。
- ●亦可加入奶油起司或焗烤起司◎。

Memo

在麵糰中加入大量的胡蘿蔔，既營養又美味！

活用麵包漂亮的顏色，

烤出鬆軟如手撕麵包般的佛卡夏。

作成三明治也很適合喔！

每一口都充滿著自然的甜味　**手撕麵包式胡蘿蔔佛卡夏**

材料（18cm的方形烤模＊1模份）

Ⓐ
- 高筋麵粉 ………………………… 200g
- 低筋麵粉 ………………………… 50g
- 砂糖 ……………………………… 2小匙
- 鹽 ………………………………… 1小匙
- 乾燥酵母 ………………………… ⅔小匙

- 溫水（約38℃） ………………… 120㎖以上
- 胡蘿蔔 …………………………… 淨重60g
- 橄欖油 …………………………… 2大匙

【烘烤用】
高筋麵粉 …………………………… 適量

【準備】
- ●將胡蘿蔔削皮，磨成泥備用。
- ●將18cm方形烤模鋪上烘焙紙備用。
- ●準備稍微多一點的溫水備用。

【作法】

1 計量
將Ⓐ倒入調理盆裡，以打蛋器攪拌混合後，倒入溫水和胡蘿蔔泥。

2 製作麵團（攪拌・揉製）
以刮板攪拌麵團，拌至粉末消失後，倒入橄欖油。麵團成團後，移至作業檯上，揉至表面光滑。完成後再重新揉圓，將收口朝下放入調理盆裡。

3 第一次發酵
將調理盆放入塑膠袋裡，維持35℃至40℃靜置40分鐘，進行第一次發酵，讓麵團膨脹至2倍左右的大小。

4 排氣・分割・靜置時間
輕壓麵團排氣，以計量秤一邊計量重量，一邊以刮板分切成9等分（如果正確計量，可避免烘烤不均勻）。重新將麵團揉圓，靜置15分鐘。

5 成形
將收口朝下，以手掌輕壓排氣。依靜置時間前重新揉圓的順序，再度重新揉圓，放入方形烤模裡。

6 第二次發酵
將烤模放入塑膠袋裡，維持35℃至40℃靜置20分鐘，進行第二次發酵。麵團膨脹至烤模的八成高，即表示完成。配合發酵完成的時間點，將烤盤放入烤箱預熱。

7 烘烤
在麵團表面以濾網撒上一層薄薄的高筋麵粉，烘烤至呈現漂亮的烤色。
■電子烤箱：以190℃烘烤20分鐘以上

One Point
- ●溫水可以橘子果汁或豆漿取代，橄欖油則可換成椰子油。
- ●亦可在麵團裡加入葡萄乾、椰子、起司等食材◎。

Memo

讓餐桌頓時充滿驚喜！
將佛卡夏當成盤子，
放上滿滿的季節烤蔬菜，
最適合當成繽紛豐富的宴客料理。

饢式咖哩×季節蔬菜

基底麵團：

材料（16×27cm水滴形＊2個份）

Ⓐ
高筋麵粉⋯⋯⋯⋯⋯⋯⋯⋯⋯250g
咖哩粉⋯⋯⋯⋯⋯⋯⋯⋯⋯⋯10g
砂糖⋯⋯⋯⋯⋯⋯⋯⋯⋯⋯1小匙
鹽⋯⋯⋯⋯⋯⋯⋯⋯⋯⋯⋯1小匙
乾燥酵母⋯⋯⋯⋯⋯⋯⋯⋯⅔小匙

溫水（約38℃）⋯⋯⋯⋯⋯160㎖以上
橄欖油⋯⋯⋯⋯⋯⋯⋯⋯1又½大匙
馬鈴薯⋯⋯⋯⋯⋯中型1顆（淨重80g）

【成形用】
咖哩調理包⋯⋯⋯⋯⋯1人份（200g）
喜歡的蔬菜⋯⋯⋯⋯⋯⋯⋯⋯適量
（茄子・胡蘿蔔・小番茄・櫛瓜・花椰菜・洋蔥等）

【準備】
●將馬鈴薯直接帶皮以保鮮膜包住，再以600W的微波爐加熱3至4分鐘。趁熱剝皮，搗成泥備用。
●準備稍微多一點的溫水備用。
●咖哩調理包如果水分比較多，先煮過備用 **ⓐ**。
●事先處理好成形用蔬菜（茄子・櫛瓜・洋蔥等蔬菜以火烤過；胡蘿蔔・花椰菜以鹽水煮過）。

【作法】
1 計量
將 Ⓐ 倒入調理盆裡，以打蛋器攪拌混合後，倒入溫水。

2 製作麵團（攪拌・揉製）
以刮板攪拌麵團，拌至粉末消失後，倒入馬鈴薯泥、橄欖油。麵團成團後，移至作業檯上，揉至表面光滑。完成後再重新揉圓，將收口朝下放入調理盆裡。

3 第一次發酵
將調理盆放入塑膠袋裡，維持35℃至40℃靜置40分鐘，進行第一次發酵，讓麵團膨脹至2倍左右的大小。

4 排氣・分割・靜置時間
輕壓麵團排氣，以刮板將麵團分切成2等分。個別重新揉圓，靜置15分鐘。

5 成形
將收口朝下，以手掌輕壓排氣。以擀麵棍或手將麵團擀成薄薄的16×27cm水滴形（饢式）**ⓑ**，放在鋪上烘焙紙的烤盤上。周圍留下2cm，在表面塗上咖哩，再排上事先處理好的蔬菜 **ⓒ**（另一個麵團也以相同方法製作）。

6 第二次發酵
將烤盤放入大一點的塑膠袋，維持35℃至40℃靜置15分鐘，進行第二次發酵。

7 烘烤
烘烤至呈現漂亮的烤色。
■電子烤箱：以230℃烘烤15分鐘以上

One Point
●咖哩調理包推薦使用水分較少的keema咖哩等。

Memo

不使用乳製品，改以大量的自製豆漿白醬製作。

將時令蔬菜當成配料，增加佛卡夏的季節感。

以健康為主軸，口味卻很香濃醇厚　**豆漿焗烤**

材料（直徑10㎝鋁杯＊8個份）

A｜高筋麵粉……………………250g
　｜砂糖………………………2小匙
　｜鹽…………………………1小匙
　｜乾燥酵母…………………⅔小匙

溫水（約38℃）………………160㎖
橄欖油………………………2大匙

【成形用】
豆漿白醬※……………………8大匙
花椰菜・白花椰菜…………各4小朵

【烘烤用】
焗烤起司………………………適量

【準備】
●將豆漿白醬※事先作好備用。
●花椰菜和白花椰菜，事先燙過備用。

【作法】

1 計量
將Ａ倒入調理盆裡，以打蛋器攪拌混合後，倒入溫水。

2 製作麵團（攪拌・揉製）
以刮板攪拌麵團，拌至粉末消失後，倒入橄欖油。麵團成團後，移至作業檯上，揉至表面光滑。完成後再重新揉圓，將收口朝下，放入調理盆裡。

3 第一次發酵
將調理盆放入塑膠袋裡，維持35℃至40℃靜置40分鐘，進行第一次發酵，讓麵團膨脹至約兩倍左右的大小。

4 排氣・分割・靜置時間
輕壓麵團排氣，以刮板分切成8等分。個別重新揉圓，靜置15分鐘。

5 成形
一邊輕壓麵團排氣，一邊壓成直徑12㎝的圓形。以刮板在8個位置切出2㎝的切口ⓐ。將每一個切口稍微重疊作成杯狀ⓑ，放在鋁杯上。將1大匙的豆漿白醬分別放入ⓒ，再放在到烤盤上，放上花椰菜（或白花椰菜）（剩下的麵團也以相同的方法製作）。

6 第二次發酵
將烤盤放入大一點的塑膠袋裡，維持35℃至40℃靜置20分鐘，進行第二次發酵。

7 烘烤
在麵團整體撒上焗烤起司，烘烤至呈現漂亮的烤色。
■電子烤箱：以210℃烘烤15分鐘以上

※豆漿白醬的作法（容易製作的份量）
洋蔥…2顆　　　　　　　鹽…½小匙
橄欖油…2大匙　　　　　小麥粉（或米粉）…2大匙
水…50㎖以上　　　　　無添加豆漿…200㎖

❶將橄欖油倒入平底鍋，放入切成薄片的洋蔥、鹽拌炒。以小火將洋蔥炒至呈現透明感，不能炒焦。
❷在❶加入水，蓋上鍋蓋，如果途中水分不夠，請持續加水，蒸煮10分鐘以上，煮至以木匙可以切斷洋蔥的程度。
❸在❷加入小麥粉攪拌混合，一點一點地加入豆漿，讓醬料產生黏稠度（如果加入2小匙的白味噌，味道會更有層次）。

One Point
●豆漿白醬可以放在冰箱冷藏保存3天。

······················· *Memo*

比起羅勒的青醬，青紫蘇的青醬味道更為清爽。

為了放進濃稠的醬汁，因此將麵糰作成杯狀，讓美味度不會流失。

多汁的番茄和青醬堆疊出濃郁的口感　**青紫蘇青醬×小番茄**

材料（直徑10cm鋁杯烤模＊8顆份）

A
- 高筋麵粉 …………………………… 250g
- 砂糖 …………………………………… 2小匙
- 鹽 ……………………………………… ⅔小匙
- 乾燥酵母 …………………………… ⅗小匙

- 溫水（約38℃）………………… 160㎖
- 橄欖油 ……………………………… 2大匙

【成形用】
- 青紫蘇青醬※ …………………… 8大匙
- 小番茄 ……………………………… 8顆

【烘烤用】
- 橄欖油 ……………………………… 適量

【準備】
- ●將青紫蘇青醬※事先作好備用。

【作法】

1 計量
將Ⓐ放入調理盆裡，以打蛋器攪拌混合後，倒入溫水。

2 製作麵團（攪拌・揉製）
以刮板攪拌麵團，拌至粉末消失後，倒入橄欖油。麵團成團後，移至作業檯上，揉至表面光滑。完成後再重新揉圓，將收口朝下，放入調理盆裡。

3 第一次發酵
將調理盆放入塑膠袋裡，維持35℃至40℃靜置40分鐘，進行第一次發酵，讓麵團膨脹至2倍左右的大小。

4 排氣・靜置時間
輕壓麵團排氣，以刮板分切成8等分。個別重新揉圓，靜置15分鐘。

5 成形
一邊讓麵團排氣，一邊壓成直徑12cm的圓形，周圍留下2cm，切出圓形，作出底座 ⓐ。將外側圈狀的麵團扭一下 ⓑ，放在底座上，再放到鋁杯上 ⓒ。放入1大匙的青紫蘇青醬 ⓓ，再放上小番茄，放到烤盤上（剩下的麵團也以相同方法製作）。

6 第二次發酵
將烤盤放入大一點的塑膠袋裡，維持35℃至40℃靜置20分鐘，進行第二次發酵。

7 烘烤
在周圍淋上橄欖油，烘烤至呈現漂亮的烤色。
■電子烤箱：以210℃烘烤15分鐘以上

※**青紫蘇青醬的作法（容易製作的份量）**

青紫蘇…40片　　　鹽…1小匙以上　　　腰果（或松子）…40g
蒜頭…1瓣　　　　　橄欖油…100㎖以上

❶將青紫蘇確實洗淨，瀝乾水分，去梗。
❷將蒜頭去皮去芯。
❸將腰果放入沒有預熱的烤箱，以150℃烘烤8分鐘。
❹將全部的材料以果汁機打成泥狀。

One Point
●將青紫蘇青醬放入冰箱冷藏可以保存2週，冷凍則可以保存2個月。

a

b

c

d

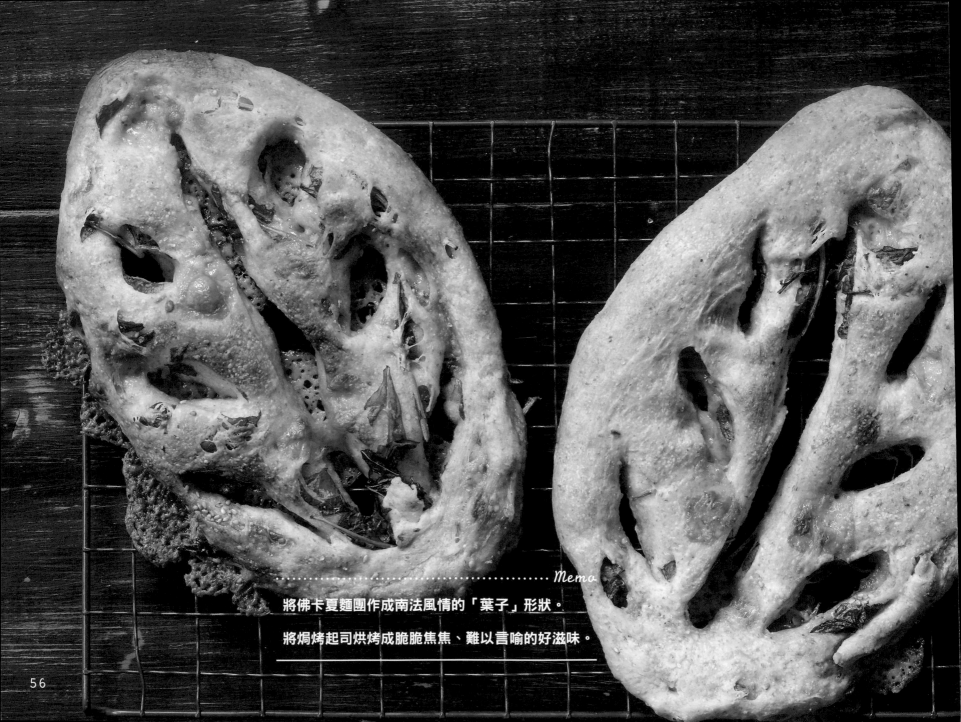

.... *Memo*

將佛卡夏麵團作成南法風情的「葉子」形狀。

將焗烤起司烘烤成脆脆焦焦、難以言喻的好滋味。

使食材的組合更加完美美味　**fougasse式芝麻葉×芝麻×切達起司**

基底麵團：

材料（24×14㎝葉子形＊2個份）

Ⓐ
- 高筋麵粉 ……………………………… 250g
- 全麥麵粉 ……………………………… 50g
- 砂糖 …………………………………… 2小匙
- 鹽 ……………………………………… 1小匙
- 乾燥酵母 ……………………………… ⅔小匙

- 溫水（約38℃）……………………… 155㎖
- 橄欖油 ………………………………… 2大匙
- 芝麻葉（或茼蒿）…………………… 3束
- 切達起司（橘色）…………………… 50g
- 白芝麻 ………………………………… 1大匙

【烘烤用】
- 橄欖油 ………………………………… 適量
- 岩鹽 …………………………………… 適量

【準備】
- ●將芝麻葉切成3㎝長備用。
- ●將切達起司切成7㎜的方塊備用。

【作法】

1 計量
將Ⓐ倒入調理盆裡，以打蛋器攪拌混合後，倒入溫水。

2 製作麵團（攪拌・揉製）
以刮板攪拌麵團，拌至粉末消失後，倒入橄欖油。麵團成團後，移至作業檯上，揉至表面光滑。將麵團擀成23㎝見方的四角形，在整體撒上芝麻葉、切達起司、白芝麻，從靠近操作者的那一側開始捲起。將收口朝上，再度從靠近操作者的那一側開始捲起，以手搓揉讓配料散布在各處，將收口朝下放入調理盆裡。

3 第一次發酵
將調理盆放入塑膠袋裡，維持35℃至40℃靜置40分鐘，進行第一次發酵，讓麵團膨脹至2倍左右的大小。

4 排氣・分割・靜置時間
輕壓麵團排氣，以刮板分切成2等分。個別重新揉圓，靜置15分鐘。

5 成形
將收口朝下，以擀麵棍或手將麵團擀成24×14㎝的橢圓形，利用刮板的圓弧部分確實切出切口（作出葉脈的形狀，中心一條，左右各3條）。放在鋪上烘焙紙的烤盤上，將切口像葉子形狀一樣地擴開ⓐ（另一個麵團也以相同的方法製作）。

6 第二次發酵
將烤盤放入大一點的塑膠袋裡，維持35℃至40℃靜置15分鐘，進行第二次發酵。

7 烘烤
在麵團整體淋上橄欖油，撒上岩鹽，烘烤至呈現漂亮的烤色。
　■電子烤箱：以230℃烘烤15分鐘以上

Memo

以具有獨特味道的藍起司，搭配淋上稠稠的蜂蜜，

在口中溢出的味道，吃過一次後，就會不可自拔地愛上它。

讓人想要細細品嚐的成熟滋味　**藍起司×蜂蜜×核桃**

材料（直徑10㎝鋁杯＊8個份）

A
- 高筋麵粉 ································· 250g
- 砂糖 ····································· 2小匙
- 鹽 ······································· 1小匙
- 乾燥酵母 ······························· ⅔小匙

- 溫水（約38℃）···················· 160㎖
- 橄欖油 ································· 2大匙

【成形用】
- 藍起司 ································· 70g
- 核桃 ····································· 50g

【烘烤用】
- 蜂蜜 ····································· 適量

【準備】
- 將核桃放入沒有預熱的烤箱，以150℃烘烤8分鐘後，切成喜歡的大小備用。
- 將藍起司切成1㎝的方塊備用。

【作法】

1 計量
將 A 倒入調理盆裡，以打蛋器攪拌混合後，倒入溫水。

2 製作麵團（攪拌・揉製）
以刮板攪拌麵團，拌至粉末消失後，倒入橄欖油。麵團成團後，移至作業檯上，揉至表面光滑。完成後再重新揉圓，將收口朝下放入調理盆裡。

3 第一次發酵
將調理盆放入塑膠袋裡，維持35℃至40℃靜置40分鐘，進行第一次發酵，讓麵團膨脹至2倍左右的大小。

4 排氣・分割・靜置時間
輕壓麵團排氣，以刮板分切成8等分。個別重新揉圓，靜置15分鐘。

5 成形
以手掌一邊按壓麵團排氣，一邊擀成直徑10㎝的圓形，稍微用心按壓中間，作出凹槽 ⓐ，再放到鋁杯上。將核桃和藍起司放入凹槽裡 ⓑ，再放到烤盤上（剩下的麵團也以相同的方法製作）。

6 第二次發酵
將烤盤放入大一點的塑膠袋裡，維持35℃至40℃靜置20分鐘，進行第二次發酵。

7 烘烤
在麵團整體淋上蜂蜜 ⓒ，烘烤至呈現漂亮的烤色。
- 電子烤箱：以210℃烘烤15分鐘以上

····································· *Memo*

這一款佛卡夏搭配葡萄酒享用或作成三明治都非常棒喔！

咀嚼時，葡萄酒的香氣和橄欖的甜味會在口中蔓延開來。

橄欖的風味和白酒的香氣非常契合　**白酒×綠橄欖**

材料（18×24cm＊1個份）

- 高筋麵粉 ························· 200g
- 低筋麵粉 ························· 50g

Ⓐ
- 砂糖 ····························· 2小匙
- 鹽 ······························· ⅔小匙
- 乾燥酵母 ························· ⅔小匙

- 白酒（約38℃）·················· 100㎖
- 溫水（約38℃）·················· 55㎖以上
- 橄欖油 ·························· 2大匙
- 綠橄欖（無籽）·················· 40g

【烘烤用】
- 橄欖油 ·························· 適量
- 岩鹽 ····························· 適量
- 喜歡的香草 ····················· 適量
  （迷迭香等）

【準備】
- ●將綠橄欖事先切小塊，以紙巾瀝乾水分備用。

【作法】

1 計量
將Ⓐ倒入調理盆裡，以打蛋器攪拌混合後，倒入加熱過的白酒和溫水。

2 製作麵團（攪拌・揉製）
以刮板攪拌麵團，拌至粉末消失後，倒入橄欖油。麵團成團後，移至作業檯上，揉至表面光滑。將麵團擀成23cm見方的四角形，在整體撒上綠橄欖，從靠近操作者的那一側開始捲起。將收口朝上，再度從靠近操作者的那一側開始捲起，以手搓揉讓配料散落在四處，將收口朝下，放入調理盆裡。

3 第一次發酵
將調理盆放入塑膠袋裡，維持35℃至40℃靜置40分鐘，進行第一次發酵，讓麵團膨脹至2倍左右的大小。

4 排氣・靜置時間
輕壓麵團排氣，再重新揉圓，靜置15分鐘。

5 成形
將收口朝下，以手一邊按壓，一邊擀成18×24cm的長方形，放在鋪上烘焙紙的烤盤上。

6 第二次發酵
將烤盤放入大一點的塑膠袋裡，維持35℃至40℃靜置20分鐘，進行第二次發酵。

7 烘烤
在麵團整體淋上橄欖油，以手指壓出孔洞，撒上岩鹽，加上喜歡的香草。烘烤至呈現漂亮的烤色。

■電子烤箱：以210℃烘烤18分鐘以上

Memo

加入了滿滿的水果乾＆堅果，同時擁有甘甜滋味和豐富口感，

再以酒漬無花果作點綴，使這一款佛卡夏的風味更上一層樓。

具有咬勁的美味層次　紅酒×無花果×核桃

材料（18×24cm海參形＊1個份）

Ⓐ
- 高筋麵粉 ························· 250g
- 砂糖 ···························· 2小匙
- 鹽 ······························ 1小匙
- 乾燥酵母 ······················· ⅔小匙

泡過無花果的紅酒
- （約38℃） ·················· 100mℓ
- 溫水（約38℃） ·············· 70mℓ以上
- 橄欖油 ························ 2大匙
- 紅酒漬無花果※ ··············· 100g
- 核桃 ·························· 100g

【烘烤用】
- 橄欖油 ························ 適量
- 岩鹽 ·························· 適量
- 喜歡的香草 ···················· 適量
  （迷迭香等）

【準備】
- ●將核桃放入沒有預熱的烤箱，以150℃烘烤8分鐘後，泡入水中15分鐘，確實瀝乾水分備用。
- ●將紅酒漬乾燥無花果※事先作好，以紙巾確實擦乾水分備用。

【作法】

1 計量
將Ⓐ倒入調理盆裡，以打蛋器攪拌混合後，倒入加熱過的酒漬用紅酒和溫水。

2 製作麵團（攪拌・揉製）
以刮板攪拌麵團，拌至粉末消失後，倒入橄欖油。麵團成團後，移至作業檯上，揉至表面光滑。將麵團擀成23cm見方的四角形，在整體撒上紅酒漬無花果、核桃ⓐ，從靠近操作者的那一側開始捲起ⓑ。將收口朝上，再度從靠近操作者的那一側開始捲起ⓒ，將收口朝下ⓓ，放入調理盆裡。

3 第一次發酵
將調理盆放入塑膠袋裡，維持35℃至40℃靜置40分鐘，進行第一次發酵，讓麵團膨脹至2倍左右的大小。

4 排氣・靜置時間
輕壓麵團排氣，再重新揉圓，靜置15分鐘。

5 成形
將收口朝上，以手掌輕壓排氣。從靠近操作者的那一側往前捲，將收口確實封緊。將形狀整成海參形。放在鋪上烘焙紙的烤盤上。

6 第二次發酵
將烤盤放入大一點的塑膠袋裡，維持35℃至40℃靜置20分鐘，進行第二次發酵。

7 烘烤
在麵團整體淋上橄欖油，撒上岩鹽。加上喜歡的香草，烘烤至呈現漂亮的烤色（烘烤途中，如果表面有焦化現象，可以鋁箔紙覆蓋）。
- ■電子烤箱：以210℃烘烤18分鐘以上

※紅酒漬無花果的作法（容易製作的份量）
將乾燥無花果（100g）切成一口大小，放入保存容器，倒入紅酒至差不多露出無花果的高度。經過半天以上的時間，即可以使用。依個人喜好，亦可放入肉桂或丁香。

One Point
- ●紅酒漬無花果，放在冰箱冷藏可以保存1年左右。

Column ～花園～

想打造一處像是花園的屋子，就如同我的書房的一般。因為我目前居住的房子是公寓型，只有空間有限的陽台可以種植花草蔬果。擁有農田的夢想，對現實而言有點難以實現，即使如此，我還是想要享受在家種菜的樂趣。在陽台打造專屬自己的小菜園，讓花草為我捎來四季的變化。尚在初學栽種香草或蔬菜，難免會面臨失敗，但使用親手栽種的羅勒製作的青醬或調配放入很多薄荷的mojito調酒……都是無法取代的美味。在盛裝料理的盤子裡，點綴上香草綠意，就能為餐桌帶來清新的風貌。至今，我只要能夠一邊照顧著菜園，一邊從陽台看著香草被風吹拂得搖曳生姿的模樣，就能感到無比幸福，這就是自家花園不可思議的魔力啊……

Lesson 3

佛卡夏‧甜點篇

在此介紹一些將佛卡夏當成基底麵團，製作而成的甜點食譜。

添加了水果‧堅果‧起司‧和風食材……善用各種食材的特性，

變化出佛卡夏的無限可能性。

當成早餐、下午茶時間的點心、小小派對的輕食……都很適合！

接下來讓我們一嚐佛卡夏的魅力吧！

Memo

將黑櫻桃填入圓形洞裡，

再加上奶油起司，

柔和的酸甜滋味

正是這一款甜點佛卡夏的魅力所在。

甜味和酸味的絕妙平衡　**黑櫻桃×奶油起司**

材料（18cm方形烤模＊1模份）

Ⓐ
- 高筋麵粉 ……………………… 200g
- 低筋麵粉 ……………………… 50g
- 鹽 ………………………………… ⅔小匙
- 乾燥酵母 ……………………… ⅔小匙

- 溫水（約38℃）……………… 70mℓ
- 蜂蜜 …………………………… 40g
- 原味優格（無糖）…………… 90g
- 太白芝麻油 ………………… 1大匙

【成形用】
- 黑櫻桃（罐頭）……………… 16顆
- 奶油起司 …………………… 160g

【烘烤用】
- 蜂蜜（或砂糖）……………… 適量

【準備】
- ●將蜂蜜放入溫水裡，充分溶解備用。
- ●將原味優格回復至常溫備用。
- ●將黑櫻桃（罐頭）以紙巾確實擦乾水分備用。
- ●將18cm的方形烤模鋪上烘焙紙備用。

【作法】

1 計量
將 Ⓐ 倒入調理盆裡，以打蛋器攪拌混合後，倒入蜂蜜溫水、原味優格。

2 製作麵團（攪拌・揉製）
以刮板攪拌麵團，拌至粉末消失後，倒入太白芝麻油。麵團成團後，移至作業檯上，揉至表面光滑。完成後再重新揉圓，將收口朝下放入調理盆裡。

3 第一次發酵
將調理盆放入塑膠袋裡，維持35℃至40℃靜置40分鐘，進行第一次發酵，讓麵團膨脹至2倍左右的大小。

4 排氣・靜置時間
輕壓麵團排氣，再重新揉圓，靜置15分鐘。

5 成形
以手掌輕壓排氣，直接以手一邊按壓，一邊擀成15cm見方的四角形，將收口朝下，放入烤模裡。在麵團的16個位置壓出孔洞。將等分的奶油起司放入洞裡，再放上黑櫻桃 。

6 第二次發酵
將烤模放入塑膠袋裡，維持35℃至40℃靜置20分鐘，進行第二次發酵。配合發酵完成的時間點，將烤盤放入烤箱預熱。

7 烘烤
在麵團整體淋上蜂蜜 ，烘烤至呈現漂亮的烤色（烘烤途中，如果表面有焦化現象，就覆蓋上鋁箔紙）。
■電子烤箱：以200℃烘烤18分鐘以上

One Point
- ●黑櫻桃可以草莓、藍莓、覆盆子等喜歡的莓果取代。亦可使用冷凍水果。

Memo

嚐一口鳳梨果汁香甜帶酸的風味

使味蕾為之舞動了起來。

微酸的檸檬與奶油起司交融，

呈現出清爽的口感。

材料（直徑10㎝鋁杯＊8個份）

A
- 高筋麵粉⋯⋯⋯⋯⋯⋯⋯⋯⋯⋯200g
- 低筋麵粉⋯⋯⋯⋯⋯⋯⋯⋯⋯⋯50g
- 鹽⋯⋯⋯⋯⋯⋯⋯⋯⋯⋯⋯⋯⋯⅔小匙
- 乾燥酵母⋯⋯⋯⋯⋯⋯⋯⋯⋯⋯⅔小匙

- 溫水（約38℃）⋯⋯⋯⋯⋯⋯⋯70㎖
- 蜂蜜⋯⋯⋯⋯⋯⋯⋯⋯⋯⋯⋯⋯40g
- 原味優格（無糖）⋯⋯⋯⋯⋯⋯90g
- 太白芝麻油⋯⋯⋯⋯⋯⋯⋯⋯⋯1大匙

【成形用】
鳳梨（罐頭）
（圓切片）⋯⋯⋯⋯⋯⋯⋯⋯⋯8片
起司奶油※⋯⋯⋯⋯⋯⋯⋯⋯⋯160g左右

【烘烤用】
砂糖⋯⋯⋯⋯⋯⋯⋯⋯⋯⋯⋯⋯適量

※起司奶油
奶油起司⋯⋯⋯⋯⋯⋯⋯⋯⋯⋯120g
砂糖⋯⋯⋯⋯⋯⋯⋯⋯⋯⋯⋯⋯30g
檸檬汁⋯⋯⋯⋯⋯⋯⋯⋯⋯⋯⋯2小匙

【準備】
- ●將蜂蜜放入溫水裡，充分溶解備用。
- ●將原味優格回復至常溫備用。
- ●將鳳梨以紙巾確實擦乾水分備用。
- ●將起司奶油※的材料全部放入調理盆裡，
  　以打蛋器攪拌混合備用。

【作法】

1 計量
將Ⓐ倒入調理盆裡，以打蛋器攪拌混合後，倒入蜂蜜溫水、原味優格。

2 製作麵團（攪拌・揉製）
以刮板攪拌麵團，拌至粉末消失後，倒入太白芝麻油。麵團成團後，移至作業檯上，揉至表面光滑。完成後再重新揉圓，將收口朝下放入調理盆裡。

3 第一次發酵
將調理盆放入塑膠袋裡，維持35℃至40℃靜置40分鐘，進行第一次發酵，讓麵團膨脹至2倍左右的大小。

4 排氣・分割，靜置時間
輕壓麵團排氣，以刮板分切成8等分。各別重新揉圓，靜置15分鐘。

5 成形
將收口朝上，以手掌輕壓排氣。擀成直徑10㎝的圓形，在麵團的中間放上⅛份量的起司奶油ⓐ。抓出麵團的2個位置固定ⓑⓒ，將收口確實封緊ⓓ。將收口朝下，放在鋁杯上，再排列在烤盤上。在上面放上鳳梨，以手從上面確實按壓ⓔ（特別留意如果壓得太輕，麵團膨脹的時候，鳳梨會掉落），剩下的麵團也以相同的方法製作。

6 第二次發酵
將烤盤放入大一點的塑膠袋裡，維持35℃至40℃靜置20分鐘，進行第二次發酵。

7 烘烤
撒上砂糖ⓕ，烘烤至呈現漂亮的烤色。
■電子烤箱：以200℃烘烤16分鐘以上

ⓐ　ⓑ　ⓒ　ⓓ　ⓔ　ⓕ

只要將蘋果帶皮煮，

側邊就能煮出粉紅色。

以樸實的麵團襯托食材的單純甜味，

就是這款麵包最迷人的魅力。

活用食材的味道　**甘煮蘋果**

基底麵團：

材料（10×30cm＊2片份）

A
高筋麵粉	200g
低筋麵粉	50g
鹽	⅔小匙
乾燥酵母	⅔小匙

溫水（約38℃）	70㎖
蜂蜜	40g
原味優格（無糖）	90g
太白芝麻油	1大匙

【成形用】
蘋果	1顆
砂糖	2大匙
檸檬汁	2小匙

【烘烤用】
砂糖	適量
肉桂	適量
鼠尾草	適量

【準備】
●將蜂蜜放入溫水裡，充分溶解備用。
●將原味優格回復至常溫備用。
●將蘋果去芯，切成厚度3㎜的扇形。將檸檬汁和砂糖倒入鍋裡，蓋上鍋蓋，開中火。沸騰後，放入蘋果，以小火煮5分鐘，直接在鍋裡靜置放涼〔甘煮蘋果〕。

【作法】

1 計量
　　將Ⓐ倒入調理盆裡，以打蛋器攪拌混合後，倒入蜂蜜溫水、原味優格。

2 製作麵團（攪拌・揉製）
　　以刮板攪拌麵團，拌至粉末消失後，倒入太白芝麻油。麵團成團後，移至作業檯上，揉至表面光滑。完成後重新揉圓，將收口朝下放入調理盆裡。

3 第一次發酵
　　將調理盆放入塑膠袋裡，維持35℃至40℃靜置40分鐘，進行第一次發酵，讓麵團膨脹至2倍左右的大小。

4 排氣・靜置時間
　　輕壓麵團排氣，以刮板將麵團分切成2等分。個別重新揉圓，靜置15分鐘。

5 成形
　　將收口朝下，以手一邊壓開，一邊排氣。以擀麵棍擀成10×30cm的長方形，放在鋪上烘焙紙的烤盤上，排上一半份量的〔甘煮蘋果〕ⓐ（另一個麵團也以相同的方法製作）。

6 第二次發酵
　　將烤盤放入大一點的塑膠袋裡，維持35℃至40℃靜置20分鐘，進行第二次發酵。

7 烘烤
　　在麵團整體撒上砂糖、肉桂、鼠尾草，
　　烘烤至呈現漂亮的烤色。
　　■電子烤箱：以220℃烘烤16分鐘以上

One Point　●烘焙的時候淋上蜂蜜也很美味！

季節限定！ 華麗的味道 **無花果×馬斯卡彭起司**

基底麵團：

材料（直徑15cm＊2片份）

A
┌ 高筋麵粉 ··················· 200g
│ 低筋麵粉 ··················· 50g
│ 鹽 ···················· ⅔小匙
└ 乾燥酵母 ················ ⅔小匙

溫水（約38℃）··········· 70㎖
蜂蜜 ······················· 40g
原味優格（無糖）··········· 90g
太白芝麻油 ················ 1大匙

【成形用】
無花果 ······················· 3顆
馬斯卡彭起司 ················ 60g

【烘烤用】
蜂蜜 ······················· 適量

【準備】
●將蜂蜜放入溫水裡，充分溶解備用。
●將原味優格回復至常溫備用。
●將無花果洗淨，以紙巾確實擦乾水分，直接帶皮切成厚度3㎜的圓片。

【作法】

1 計量
　將A倒入調理盆裡，以打蛋器攪拌混合後，倒入蜂蜜溫水、原味優格。

2 製作麵團（攪拌・揉製）
　以刮板攪拌麵團，拌至粉末消失後，倒入太白芝麻油。麵團成團後，移至作業檯上，揉至表面光滑。
　完成後重新揉圓，將收口朝下，放入調理盆裡。

3 第一次發酵
　將調理盆放入塑膠袋裡，維持35℃至40℃靜置40分鐘，進行第一次發酵，讓麵團膨脹至2倍左右的大小。

4 排氣・分割・靜置時間
　輕壓麵團排氣，以刮板將麵團分切成2等分。個別重新揉圓，靜置15分鐘。

5 成形
　將收口朝下，以手掌輕壓排氣。放在烘焙紙上，以擀麵棍擀成直徑15cm的圓形。將烘焙紙放在烤盤上，塗上一半份量的馬斯卡彭起司，再排列上無花果 a （另一個麵團也以相同的方法製作）。

6 第二次發酵
　將烤盤放入大一點的塑膠袋裡，維持35℃至40℃靜置20分鐘，進行第二次發酵。

7 烘烤
　在麵團整體淋上蜂蜜，烘烤至呈現漂亮的烤色。
　■電子烤箱：以220℃烘烤16分鐘以上

One Point ●使用瀝乾水分的優格取代馬斯卡彭起司，
　　　　　　可以作出清爽的口味。

··· *Memo*

使用大量的新鮮無花果製作，

味道濃郁又清爽，

是一款可以盡情享受馬斯卡彭風味的佛卡夏。

在放入南瓜的濕潤柔軟的甜麵團裡，

隱隱約約看見橘子色的水果乾。

品嚐這一款富含維他命的金黃佛卡夏，每天都元氣滿點！

使人聯想到南國早晨的清爽氣息　**芒果乾×橘子皮×南瓜**

材料（直徑12cm＊3個份）

Ⓐ
- 高筋麵粉 ························· 250g
- 砂糖 ····························· 2小匙
- 鹽 ······························· ⅔小匙
- 乾燥酵母 ························· ⅓小匙

- 溫水（約38℃） ··············· 140㎖以上
- 南瓜 ····························· 淨重120g
- 太白芝麻油 ······················ 2大匙
- 芒果乾 ··························· 40g
- 原味優格（無糖）
  （或水） ······················· 2大匙
- 橘子皮 ··························· 40g

【烘烤用】
- 太白芝麻油 ······················ 適量
- 砂糖 ····························· 適量

【準備】
- ●將南瓜去籽去皮，切成一口大小，放入微波爐，以600W加熱3至4分鐘，搗成泥備用。
- ●將芒果乾切丁，泡在優格（或水）30分鐘左右回復。軟化後，以布巾確實擦乾優格（或水）備用。
- ●準備稍微多一點的溫水備用。

【作法】

1 計量
將Ⓐ倒入調理盆裡，以打蛋器攪拌混合後，倒入溫水。

2 製作麵團（攪拌・揉製）
以刮板攪拌麵團，拌至粉末消失後，倒入南瓜泥、太白芝麻油。麵團成團後，移至作業檯上，揉至表面光滑。將麵團擀成23cm見方的四角形，在整體撒上芒果乾和橘子皮。從靠近操作者的那一側開始捲起，將收口朝上，再度從靠近操作者的那一側開始捲起，以手搓揉，讓配料散落在四處。將收口朝下放入調理盆裡。

3 第一次發酵
將調理盆放入塑膠袋裡，維持35℃至40℃靜置40分鐘，進行第一次發酵，讓麵團膨脹至2倍左右的大小。

4 排氣・分割・靜置時間
輕壓麵團排氣，以刮板分切成3等分。個別重新揉圓，靜置15分鐘。

5 成形
將收口朝下，以手掌按壓，擀成直徑12cm的圓形。放在鋪上烘焙紙的烤盤上（剩下的麵團也以相同的方法製作）。

6 第二次發酵
將烤盤放入大一點的塑膠袋裡，維持35℃至40℃靜置20分鐘，進行第二次發酵。

7 烘烤
在麵團表面塗上太白芝麻油，以手指壓出孔洞。整體撒上砂糖，烘烤至呈現漂亮的烤色。
- ■電子烤箱：以200℃烘烤16分鐘以上

這個形狀也是佛卡夏麵包嗎？

使用甘酒製作的和風口味，是一款口感濕潤的甜麵包。

作出蛋糕口感的王道美味　**甘酒×抹茶×甘納豆**

材料（18×8×6.5cm磅蛋糕烤模＊1模份）

A
高筋麵粉	250g
米粉	40g
抹茶	10g
鹽	½小匙
乾燥酵母	⅔小匙

甘酒（約38℃）	80㎖
溫水（約38℃）	100㎖以上
太白芝麻油	2大匙
甘納豆	80g

【烘烤用】
高筋麵粉 ………………………… 適量

【準備】
●將甘酒和溫水混合備用。
●將18×8×6.5cm的磅蛋糕烤模鋪上烘焙紙備用。

【作法】

1 計量
將 Ⓐ 倒入調理盆裡，以打蛋器攪拌混合後，倒入混合甘酒的溫水。

2 製作麵團（攪拌・揉製）
以刮板攪拌麵團，拌至粉末消失後，倒入太白芝麻油。麵團成團後，移至作業檯上，揉至表面光滑。將麵團擀成23cm見方的四角形，在整體撒上甘納豆，從靠近操作者的那一側開始捲起。將收口朝上，再度從靠近操作者的那一側開始捲起，將收口朝下放入調理盆裡。

3 第一次發酵
將調理盆放入塑膠袋裡，維持35℃至40℃靜置40分鐘，進行第一次發酵，讓麵團膨脹至2倍左右的大小。

4 排氣・靜置時間
輕壓麵團排氣，再重新揉圓，靜置15分鐘。

5 成形
將收口朝上，以手掌擀成15×20cm的長方形 ⓐ，從靠近操作者的那一側開始往前捲 ⓑ。將收口朝下，放入磅蛋糕烤模 ⓒ。

6 第二次發酵
將烤模放入塑膠袋裡，維持35℃至40℃靜置20分鐘，進行第二次發酵。配合發酵完成的時間點，將烤盤放入烤箱預熱。

7 烘烤
在麵團整體以濾網過篩，撒上薄薄一層高筋麵粉，放入烤箱烘烤（烘烤途中如果表面出現焦化現象，可以鋁箔紙覆蓋）。
■電子烤箱：以200℃烘烤20分鐘以上

One Point
●不同品牌的甘酒，濃度上會有所差異，請一邊調整水分，一邊揉製麵團。
　亦可使用沒有放入砂糖、以麴種製作的甘酒。

ⓐ

ⓑ

ⓒ

每一片都營養滿分！

在穀麥麵團放上大量的當季水果。

淋上蜂蜜再烘烤，

閃耀著晶亮亮的果實光芒，使麵包華麗了起來。

材料（18×24cm＊1個份）

Ⓐ
高筋麵粉	250g
砂糖	2小匙
鹽	⅔小匙
乾燥酵母	⅔小匙

無添加溫豆漿（約38℃）	160mℓ以上
太白芝麻油	2大匙
穀麥❶	120g
無添加豆漿	40mℓ

【成形用】
穀麥❷	40g
季節水果	適量

（奇異果・藍莓・覆盆子・葡萄等）

【烘烤用】
蜂蜜	適量

【準備】
●將穀麥❶泡在豆漿裡，使其濕潤。
●將季節水果洗淨，切成容易入口的大小，
　以紙巾確實擦乾水分。

【作法】

1 計量
將Ⓐ倒入調理盆裡，以打蛋器攪拌混合後，倒入加熱過的溫豆漿。

2 製作麵團（攪拌・揉製）
以刮板攪拌麵團，拌至粉末消失後，倒入太白芝麻油。麵團成團後，移至作業檯上，揉至表面光滑。將麵團擀成23cm見方的四角形，在整體撒上穀麥❶ⓐ。從靠近操作者的那一側開始往前捲ⓑ，將收口朝上，再度從靠近操作者的那一側開始往前捲ⓒ，以手搓揉，讓配料散落在四處ⓓ。將收口朝下放入調理盆裡。

3 第一次發酵
將調理盆放入塑膠袋裡，維持35℃至40℃靜置40分鐘，進行第一次發酵，讓麵團膨脹至2倍左右的大小。

4 排氣・靜置時間
輕壓麵團排氣，再重新揉圓，靜置15分鐘。

5 成形
將收口朝下，以手掌按壓，壓成18×24cm的長方形。放在鋪上烘焙紙的烤盤上，撒上穀麥❷、季節水果ⓔ。

6 第二次發酵
將烤盤放入大一點的塑膠袋裡，維持35℃至40℃靜置20分鐘，進行第二次發酵。

7 烘烤
在麵團整體淋上蜂蜜，烘烤至呈現漂亮的烤色。
■電子烤箱：以200℃烘烤16分鐘以上

包入白巧克力,口感好像蛋糕的濕潤佛卡夏。

遇熱融化的莓果果醬,是令人驚艷的美味。

白巧克力和莓果濕潤濃郁　**覆盆子×白巧克力×豆漿**

材料（直徑20cm＊1個份）

Ⓐ
- 高筋麵粉 …………………………… 200g
- 低筋麵粉 …………………………… 50g
- 砂糖 ………………………………… 2小匙
- 鹽 …………………………………… ⅔小匙
- 乾燥酵母 …………………………… ⅔小匙

- 無添加豆漿（約38℃）…………… 165㎖以上
- 太白芝麻油 ………………………… 2大匙
- 覆盆子 ……………………………… 100g
- 白巧克力碎片 ……………………… 80g

【烘烤用】
蜂蜜 ………………………………………… 適量

【準備】
● 使用冷凍覆盆子時，置放室溫下自然解凍，
　並以紙巾確實擦乾水分備用
　（特別留意容易出水）。

【作法】

1 計量
將Ⓐ倒入調理盆裡，以打蛋器攪拌混合後，倒入加熱過的豆漿。

2 製作麵團（攪拌・揉製）
以刮板攪拌麵團，拌至粉末消失後，倒入太白芝麻油。麵團成團後，移至作業檯上，揉至表面光滑。將麵團擀成23cm見方的四角形，在整體撒上覆盆子和白巧克力碎片 ⓐ，從靠近操作者的那一側開始往前捲 ⓑ，將收口朝上，從靠近操作者的那一側開始往前捲 ⓒ，以手輕輕地搓揉，讓配料散落在四處 ⓓ（若力道太大，覆盆子的水分會被擠出）。將收口朝下放入調理盆裡。

3 第一次發酵
將調理盆放入塑膠袋裡，維持35℃至40℃靜置40分鐘，進行第一次發酵，讓麵團膨脹至2倍左右的大小。

4 排氣・靜置時間
輕壓麵團排氣，再重新揉圓，靜置15分鐘。

5 成形
將收口朝下，以手掌輕壓排氣。重新揉圓，放在鋪上烘焙紙的烤盤上，從上面以手按壓，壓成直徑20cm的圓形。

6 第二次發酵
將烤盤放入大一點的塑膠袋裡，維持35℃至40℃靜置20分鐘，進行第二次發酵。

7 烘烤
在麵團整體淋上蜂蜜，烘烤至呈現漂亮的烤色。
■電子烤箱：以200℃烘烤16分鐘以上

One Point
● 覆盆子可以喜歡的莓果類取代。如果放入新鮮的草莓，請切成2cm的方塊使用。

在捲入大量香氣十足堅果的麵團裡，

淋上楓糖再烘烤。

適度調整焦糖的焦度，可以使風味更甜一點，亦或苦一點。

酥脆的堅果＆彈牙的麵團，超滿足 **焦糖堅果×楓糖**

基底麵團：

材料（直徑10㎝鋁杯＊5個份）

Ⓐ
- 高筋麵粉……200g
- 低筋麵粉……50g
- 砂糖……2小匙
- 鹽……⅔小匙
- 乾燥酵母……⅔小匙

溫水（約38℃）……150㎖
太白芝麻油……2大匙

【成形用】
焦糖堅果※……240g

【烘烤用】
楓糖漿……適量

【準備】
●將焦糖堅果※事先作好備用。

【作法】

1 計量
將Ⓐ倒入調理盆裡，以打蛋器攪拌混合後，倒入溫水。

2 製作麵團（攪拌・揉製）
以刮板攪拌麵團，拌至粉末消失後，倒入太白芝麻油。麵團成團後，移至作業檯上，揉至表面光滑。完成後再重新揉圓，將收口朝下放入調理盆裡。

3 第一次發酵
將調理盆放入塑膠袋裡，維持35℃至40℃靜置40分鐘，進行第一次發酵，讓麵團膨脹至2倍左右的大小。

4 排氣・靜置時間
輕壓麵團排氣，再重新揉圓，靜置15分鐘。

5 成形
將收口朝上，擀成20㎝見方的四角形。在整體撒上焦糖堅果ⓐ，從靠近操作者的那一側開始往前捲ⓑ，確實將收口封緊。將收口朝下，以刮板分切成5等分ⓒ。將切口朝上，放在鋁杯上ⓓ，在放到烤盤上（剩下的麵團也以相同方法製作）。

6 第二次發酵
將烤盤放入大一點的塑膠袋裡，維持35℃至40℃靜置20分鐘，進行第二次發酵。

7 烘烤
在麵團整體淋上楓糖漿，烘烤至呈現漂亮的烤色。烤好後，可以依個人喜好，再次淋上楓糖漿ⓔ。
■電子烤箱：以200℃烘烤16分鐘以上

※焦糖堅果的作法
綜合堅果…120g　砂糖…120g　水…1大匙
❶將綜合堅果以平底鍋稍微乾煎，切成小塊。
❷在平底鍋裡倒入砂糖和水，使砂糖溶解。開中火，將砂糖煮至變色後，搖晃平底鍋，使整體變成均勻的焦糖色（此時若使用攪拌刮刀容易產生紋路，因此不使用）。熄火，放入綜合堅果ⓕ，盡快攪拌。鋪在烘焙紙上，冷卻後取下備用。

One Point
●將焦糖堅果依個人喜好放入鹽，即為鹽味焦糖。

濃郁滑順口感的祕密,

是來自很適合作成甜點的芋頭。

放上棉花糖烘烤,

好像積了甜甜的雪一樣,夢幻又繽紛。

運用果實和樹果襯托苦味的可可亞麵團　**可可亞×芋頭×橘子皮 佐棉花糖**

材料（直徑12cm＊3個份）

A
高筋麵粉	250g
純可可亞	25g
砂糖	4大匙
鹽	⅔小匙
乾燥酵母	⅔小匙

溫水（約38℃）	160㎖以上
太白芝麻油	2大匙
芋頭	淨重80g
橘子皮	50g
核桃	50g

【烘烤用】
太白芝麻油	適量
砂糖	適量
岩鹽	適量
棉花糖	適量

【準備】
●將核桃放入沒有預熱的烤箱，以150℃烘烤8分鐘，切成小塊備用。
●將芋頭直接帶皮以保鮮膜包住，放入微波爐，以600W加熱3至4分鐘。軟化後，剝皮，搗成泥備用。

【作法】

1 計量
將 A 倒入調理盆裡，以打蛋器攪拌混合後，倒入溫水。

2 製作麵團（攪拌・揉製）
以刮板攪拌麵團，拌至粉末消失後，放入芋泥、太白芝麻油。麵團成團後，移至作業檯上，揉至表面光滑。
將麵團擀成23cm見方的四角形，整體撒上橘子皮和核桃，從靠近操作者的那一側開始往前捲。將收口朝上，再度從靠近操作者的那一側開始往前捲，以手搓揉，讓配料散落在四處，將收口朝下放入調理盆裡。

3 第一次發酵
將調理盆放入塑膠袋裡，維持35℃至40℃靜置40分鐘，進行第一次發酵，讓麵團膨脹至2倍左右的大小。

4 排氣・分割・靜置時間
輕壓麵團排氣，以刮板分切成3等分。個別重新揉圓，靜置15分鐘。

5 成形
將收口朝下，以手掌擀成直徑12cm的圓形。放在鋪上烘焙紙的烤盤上（剩下的麵團也以相同的方法製作）。

6 第二次發酵
將烤盤放入大一點的塑膠袋裡，維持35℃至40℃靜置20分鐘，進行第二次發酵。

7 烘烤
在麵團表面塗上大量的太白芝麻油，以手指壓出孔洞。整體撒上砂糖，依個人喜好撒上岩鹽，放入烤箱烘烤。如果有放棉花糖，在烘烤完成前3分鐘，取出麵團，放上棉花糖 a ，烘烤至呈現薄薄一層烘烤的顏色。
■電子烤箱：以200℃烘烤16分鐘以上

One Point
●棉花糖烘烤過後會膨脹，請切成小塊備用。

a

Lesson 4　變化佛卡夏的吃法

搭配佛卡夏的四種湯品

同時品嚐自製佛卡夏&含有大量蔬菜的湯品，心靈和身體都會大大滿足呢！
使用當季的蔬菜製作，更能享受美味。

青豆薄荷濃湯　*Spring*

以新鮮的青豆和小洋蔥製作而成
含有春日營養的湯品。

托斯卡納義大利雜菜湯　*Autumn～Winter*

只以鹽帶出蔬菜的鮮甜，
是一款可以吃到大量蔬菜的湯品。

白花椰菜濃湯　*Winter～Spring*

玉米濃湯　*Summer*

讓花椰菜的柔和滋味溫暖你的心靈

將當季的玉米作成清透甘甜的湯品。

托斯卡納義大利雜菜湯

材料（4人份）

A 高麗菜 ⋯⋯⋯⋯⋯⋯⋯⋯ ¼顆	辣椒 ⋯⋯⋯⋯⋯⋯⋯⋯⋯ ½根
小松菜 ⋯⋯⋯⋯⋯⋯⋯⋯ ¼把	橄欖油 ⋯⋯⋯⋯⋯⋯⋯⋯ 適量
芹菜 ⋯⋯⋯⋯⋯⋯⋯⋯⋯ 1束	鹽 ⋯⋯⋯⋯⋯⋯⋯⋯⋯⋯ 1小匙
B 洋蔥 ⋯⋯⋯⋯⋯⋯⋯⋯⋯ 1顆	月桂葉 ⋯⋯⋯⋯⋯⋯⋯⋯ 1片
胡蘿蔔 ⋯⋯⋯⋯⋯⋯⋯⋯ 1條	水 ⋯⋯⋯⋯⋯⋯⋯⋯⋯⋯ 適量
小番茄 ⋯⋯⋯⋯⋯⋯⋯⋯ 1袋	白色四季豆（水煮罐頭）⋯⋯ 1罐
	喜歡的香草（百里香・奧勒岡等）⋯ 適量

【作法】

1. 將Ⓐ切成2cm的方塊，Ⓑ切丁。小番茄以手壓扁。
2. 將Ⓑ放入鍋裡，四周淋上橄欖油，開中火（不過度攪拌為訣竅）。
3. 蔬菜呈現出透明感，鍋底開始上色後，加入小番茄和100ml的水，刮除鍋底的蔬菜（這個焦焦的部分是湯的甜味來源）。
4. 放入Ⓐ、鹽，以中火拌炒，產生焦化後，加水。
5. 倒水至稍微露出食材的高度，加入月桂葉、辣椒，煮至蔬菜軟化，約30分鐘左右。
6. 以叉子將一半份量的白色四季豆壓成膏狀，放入剩下的白色四季豆，以鹽調味。
7. 四周淋上橄欖油即完成，最後放上喜歡的香草。

青豆薄荷濃湯

材料（4人份）

青豆（冷凍的亦可）⋯⋯⋯⋯ 250g	水 ⋯⋯⋯⋯⋯⋯⋯⋯ 100ml以上
小洋蔥 ⋯⋯⋯⋯⋯⋯⋯⋯ ½顆	鹽 ⋯⋯⋯⋯⋯⋯⋯⋯⋯ ⅔小匙
橄欖油 ⋯⋯⋯⋯⋯⋯⋯⋯ 2大匙	薄荷葉 ⋯⋯⋯⋯⋯ 5片＋少許裝飾用
	無添加豆漿 ⋯⋯⋯⋯⋯ 200ml以上

【作法】

1. 將小洋蔥切片放入厚一點的鍋裡，加入鹽、橄欖油，開火。
2. 拌炒至不焦，洋蔥呈現透明感後，放入50ml左右的水，蓋上鍋蓋，以小火蒸煮10分鐘左右（※）。
3. 放入青豆，加水至稍微露出食材的高度，開大火。沸騰後，以小火煮20分鐘左右。
4. 放涼後，加入5片的薄荷葉，以果汁機攪打，再倒回鍋裡，倒入豆漿調整成自己喜好的濃度，以鹽（份量外）調味。
5. 放上薄荷葉即完成。

One Point

※蒸煮的軟度，以木匙可以切斷洋蔥為標準。不放入多餘的調味料，因此，從洋蔥取其甜味和甘味為製作重點。

白花椰菜濃湯

材料（4人份）

白花椰菜 ⋯⋯⋯⋯⋯⋯⋯ 1顆	水 ⋯⋯⋯⋯⋯⋯⋯⋯⋯⋯ 適量
洋蔥 ⋯⋯⋯⋯⋯⋯⋯⋯⋯ ½顆	無添加豆漿 ⋯⋯⋯⋯⋯⋯ 適量
鹽 ⋯⋯⋯⋯⋯⋯⋯⋯ ½小匙以上	黑胡椒 ⋯⋯⋯⋯⋯⋯⋯⋯ 少許
橄欖油 ⋯⋯⋯⋯⋯⋯⋯⋯ 2大匙	

【作法】

1. 將白花椰菜分成小株，洋蔥切片。將洋蔥、橄欖油、鹽放入厚一點的鍋裡，開火。
2. 洋蔥呈現出透明感後，放入50ml左右的水，蓋上鍋蓋，以小火蒸煮10分鐘左右（※）。
3. 加入白花椰菜，倒水至稍微露出食材的高度，開大火，沸騰後，以小火煮20分鐘左右。
4. 放涼後，以果汁機攪打，再倒回鍋裡，倒入水、豆漿調整成喜歡的濃度，以鹽調味。
5. 倒入橄欖油（份量外），撒上黑胡椒即完成。

One Point

※以木匙可以切斷洋蔥，為蒸煮的完成標準。不放入多餘的調味料，因此，從洋蔥取其甜味和甘味為製作重點。

玉米濃湯

材料（4人份）

玉米 ⋯⋯⋯⋯⋯⋯⋯⋯⋯ 3根	
水 ⋯⋯⋯⋯⋯⋯⋯⋯ 500ml以上	
鹽 ⋯⋯⋯⋯⋯⋯⋯⋯⋯⋯ 適量	
蒔蘿 ⋯⋯⋯⋯⋯⋯⋯⋯⋯ 少許	

【作法】

1. 將玉米剝到剩下一片薄皮，再放入厚一點的鍋裡，加入距離底部1cm高度的水，放入1小撮的鹽，蓋上鍋蓋，開小火。沸騰後，蒸10分鐘左右。
2. 玉米在鍋中冷卻至常溫後，以刀子將果粒刮下來（湯汁不要倒掉）。
3. 將玉米的果粒和鍋裡剩下的湯汁以果汁機攪打（泡久一點會增加甜味）。
4. 將步驟3以細一點的濾網過濾，再次擠壓留在濾網上的玉米。
5. 加入水調整成喜歡的濃度，以鹽調味，放入冰箱冷藏。
6. 放上蒔蘿即完成。

搭配佛卡夏的四種沙拉

即使沒有鰻魚，
也能簡單製作的
萬能沾醬。
不論是和風
還是西式，
各種沙拉都適用。

味噌熱沾醬 *Bagna càuda*

以優格和香草，詮釋溫和清爽的口味。

芒果胡蘿蔔沙拉 *Râpée*

以水果的甜度，取代砂糖。如果有香草的香味，亦可減少鹽的份量。
搭配佛卡夏，可以更加襯托食材的溫和滋味。

酪梨塔塔醬～葡萄柚風味～ *Tartare*

秋季水果的滑順口味
運用具有氣味的葉菜
作出溫和的味道。

茼蒿×無花果沙拉 *Salad*

無油脂卻很濃郁！美肌效果極佳的健康塔塔醬。

味噌熱沾醬

材料（容易製作的份量）

核桃（或松子）…………3大匙
橄欖油…………3大匙
黑胡椒…………適量

A
麥味噌・白味噌…………各2大匙
味醂…………1又½大匙
蒜頭…………1片
無添加豆漿…………3大匙以上

【作法】

1. 將蒜頭去皮去芯，磨成泥。
2. 將切成小塊的核桃，以小平底鍋乾煎。
3. 步驟2稍微上色後，倒入橄欖油混合在一起。
4. 依序倒入Ⓐ，以木匙一邊攪拌，開火至中火，沸騰產生濃稠度後，熄火，以黑胡椒調味（依味噌的不同，完成的口味會有所差異，因此，以味噌、味醂調整味道）。

One Point

●亦可配麵包或玄米飯。
●放入冰箱冷藏可以保存1個星期，冷凍可以保存1個月。

芒果胡蘿蔔沙拉

材料（4人份）

胡蘿蔔…………2條
芒果乾…………30g
原味優格（無糖）…………2大匙
蒔蘿（或義大利巴西利）…………2枝

A
鹽…………適量
檸檬汁…………1顆份（2大匙）
橄欖油…………2大匙

【作法】

1. 將芒果乾切成絲，泡在原味優格裡20分鐘左右。
2. 將胡蘿蔔切成細絲。
3. 將蒔蘿的葉子部分略切。
4. 將芒果、胡蘿蔔放入調理盆裡，攪拌後再加入Ⓐ和蒔蘿攪拌混合。

One Point

●如果沒有檸檬汁，亦可使用白酒醋或米醋。
●胡蘿蔔切成細絲呈現的軟嫩口感，建議亦可使用起司絲取代。

酪梨塔塔醬　～葡萄柚風味～

材料（容易製作的份量）

酪梨（成熟的）…………1顆
水煮蛋…………3顆
粉紅葡萄柚…………1顆

蒔蘿（或是巴西利）…………適量
鹽…………適量
黑胡椒…………適量

【作法】

1. 切去粉紅葡萄柚上部和下部，再沿著果肉削皮。在瓣與瓣之間插入刀子取出果肉。將果肉分切成3等分，以棉布袋擠出果汁備用。酪梨去皮去籽，切成1cm的方塊，泡在½顆份的葡萄柚果汁備用。
2. 以叉子取出酪梨的果肉再壓碎。
3. 將水煮蛋切碎，放入步驟2裡，再以叉子攪拌至滑順融合。
4. 在步驟3裡加入鹽、黑胡椒、喜歡的葡萄柚果汁調味。
5. 將葡萄柚的果肉、香草加入步驟4，輕輕拌勻。

One Point

●不放入粉紅葡萄柚，亦可只放上蒔蘿。放入鳳梨也很受到歡迎。放入煙燻鮭魚或干貝，即可成為宴客料理。

茼蒿×無花果沙拉

材料（4人份）

茼蒿…………1把
無花果…………小型4顆
腰果（或核桃）…………2大匙

<醬汁>
A
檸檬汁（或米醋）…………1大匙
醬油…………1小匙
鹽…………½小匙
橄欖油…………1大匙
黑胡椒…………適量

【作法】

1. 將將腰果以平底鍋稍微乾煎，放入杵臼裡搗碎。倒入Ⓐ搗拌，再加入橄欖油攪拌混合。
2. 將茼蒿曬乾，再甩掉水分。摘取柔軟的葉子，將莖切成斜切片備用。無花果確實洗淨，擦乾水分後，直接帶皮切成一口大小。
3. 在食用之前，將步驟2放入大的調理盆裡，四周淋上步驟1的醬汁，以手將整體拌勻。
4. 盛盤，撒上黑胡椒。

One Point

●如果沒有茼蒿，可以香味強的芝麻葉或沙拉用菠菜取代。無花果則可以葡萄或成熟的柿子取代。

以照燒豆腐取代肉類，
口味濃郁又兼顧健康。

Memo

變化豐富！可以吃到大量新鮮蔬菜的扎實三明治。
如果變化成烤或醃漬等料理方法，
即可作出健康又能兼具滿足感的風味。

照燒豆腐三明治

也建議使用這些麵團：

材料（2人份）

雜糧佛卡夏·······················½個

木棉豆腐·······················½塊

<沾醬>

Ⓐ
醬油·······························2大匙
酒·································1大匙
味醂·······························2大匙
蒜頭·······························½瓣
薑·································½片
小麥粉·······························適量

胡蘿蔔·······················中型1條
小黃瓜·······························1條
青紫蘇·······························4片
萵苣·······························2至3片
美乃滋·······························適量

【準備】

● 將木棉豆腐壓至厚度的⅔瀝乾水分，再切成一半的厚度，泡在 Ⓐ 中1個小時以上備用。

● 將佛卡夏切成喜歡的大小，再切成一半的厚度備用。

● 將胡蘿蔔和小黃瓜切成細絲，青紫蘇切掉梗備用。

【作法】

1. 將浸在沾醬裡的豆腐，輕輕瀝乾水分，整體裹上小麥粉，在平底鍋裡倒入橄欖油（份量外），兩面煎至焦黃。上色後，移至盤子上冷卻。

2. 在大一點攤開的保鮮膜上，依據佛卡夏→萵苣→照燒豆腐→美乃滋→青紫蘇→小黃瓜→胡蘿蔔→萵苣→佛卡夏的順序重疊蔬菜，作成三明治。

3. 將步驟2確實以保鮮膜包緊，暫時放入冰箱冷藏，讓食材彼此融合（15分鐘以上）。再以刀子直接就著保鮮膜對半切。

One Point

● 亦可用蠟紙取代保鮮膜包裹也OK。

● 以青紫蘇青醬（參閱P.55）當成三明治的主要調味也很美味。

芹菜×蓮藕の開放式三明治

也建議使用這些麵團：

材料（容易製作的份量）

全麥麵粉佛卡夏 …………………½個

芹菜 ………………………………1條
蓮藕 ………………………… 大型½條

<芥末醬>
美乃滋 ………………………………3大匙
原味優格（無糖） ………………1大匙
芥末籽 ………………………………2小匙
蜂蜜 ………………………………½小匙
檸檬汁（或白酒醋） ……………2小匙

鹽 …………………………………適量

【準備】
●將佛卡夏切成喜歡的大小（食譜為3×4cm），再切成一半的厚度備用。
●取下芹菜粗的纖維，再切成斜片備用。
●蓮藕去皮，切成厚度3mm，放入加入醋（份量外）的熱水汆燙，冷卻備用。
●將芥末醬的材料混合備用。

【作法】
將芹菜和蓮藕以芥末醬混拌在一起，以鹽調味。放在佛卡夏上即可。

One Point

●當成沙拉吃也很美味。依個人喜好，放入水煮雞肉或是蘋果，盡情享受變化的樂趣。

烤蔬菜三明治

也建議使用這些麵團：

材料（容易製作的份量）

基本款佛卡夏 ……………………½個

茄子 ………………………………1條
櫛瓜（冬天可以蕪菁替代） …1條
南瓜 ………………………………6片
蒜頭 ………………………………½片

酪梨 ………………………………½顆
醬油 ………………………………2小匙
芥末 ………………………………½小匙
橄欖油 ……………………………適量
鹽 …………………………………適量
萵苣 ………………………………2至3片
苜蓿芽 ……………………………適量
美乃滋 ……………………………適量

【準備】
●將佛卡夏切成喜歡的大小，再切成一半的厚度備用。
●將茄子、櫛瓜、南瓜切成厚度7mm備用。將茄子泡水去除澀味。
●將酪梨縱切成厚度5mm，萵苣以手撕成容易食用的大小備用。
●芥末以醬油融化備用。

【作法】
1. 將橄欖油、拍碎的蒜頭、茄子放入平底鍋裡，撒上鹽，蓋上鍋蓋，煎至兩面熟透。櫛瓜、南瓜也以相同的方法煎熟（蒜頭如果沒有焦掉，使用同一個平底鍋繼續煎烤OK）。
2. 酪梨煎至兩面上色，在四周淋入芥末醬油。
3. 依佛卡夏→萵苣→烤蔬菜（茄子→櫛瓜→南瓜）→酪梨→美乃滋→苜蓿芽→佛卡夏的順序重疊，作成三明治。

One Point

●夾入烤番茄，整體的口感會更多汁。

芹菜×蓮藕の開放性三明治 Open sandwich

白色的沙拉呈現出高級感。

烤蔬菜三明治 Grill

藉著以芥末醬油煎得軟嫩的酪梨，
襯托出烤蔬菜的甜味。

89

醃漬彩椒×瑪札瑞拉起司の

開放式三明治 *Paprika*

醃漬彩椒看起來像番茄一樣，
作出Caprese感覺的
時髦三明治。

醃漬彩椒×瑪札瑞拉起司の開放式三明治

材料（5×20cm的條狀＊4條份）　　　　　　　也建議使用這些麵團：

基本款佛卡夏·······················½個

彩椒··································3至4顆

【醃漬醬】
橄欖油······························2大匙
檸檬汁······························1大匙
檸檬皮······························½顆份
（將檸檬表皮磨泥）
鹽·································½小匙

瑪扎瑞拉起司························½個（約50g）
喜歡的香草（百里香等）········適量
岩鹽································適量

【準備】
● 以鋁箔紙包住彩椒，放入烤箱，以220℃烘烤30分鐘左右。去皮，連著彩椒的湯汁一起浸泡在醃漬醬裡（放入冰箱冷藏1個小時以上）。
● 將佛卡夏切成一半的厚度，再切成寬5cm的條狀備用。
● 將瑪扎瑞拉起司切成容易食用的片狀備用。

【作法】
1. 將醃漬彩椒切成容易食用的大小，放在佛卡夏上，和瑪扎瑞拉起司交互排列。
2. 加上香草，撒上岩鹽。

One Point
● 醃漬彩椒放入冰箱可冷藏保存1週。
● 生火腿或鮭魚也很對味。

鮪魚醬×胡蘿蔔沙拉の三明治

材料（2人份）

也建議使用這些麵團：

基本款佛卡夏 …………… ¼個

萵苣 …………………………… 適量

胡蘿蔔沙拉 ………………… 適量

（參閱P.86。胡蘿蔔切成絲也OK）

<鮪魚醬>

鮪魚罐頭 ……………………… 2罐（140g）

洋蔥 …………………………… ¼顆

奶油起司 ……………………… 2大匙

酸豆（Capers） ……………… 2小匙

鹽 ……………………………… ⅓小匙

黑胡椒 ………………………… 適量

【準備】

●將佛卡夏切成喜歡的大小，再切成一半的厚度備用。

●將鮪魚確實瀝汁備用。

●將洋蔥粗切，泡水去除辣味，瀝乾水分備用。

【作法】

1. 將鮪魚醬的全部材料，除了黑胡椒之外，以果汁機攪打（特別留意過度攪拌，會使洋蔥出水）。以鹽（份量外）、黑胡椒調味。

2. 依佛卡夏→萵苣→胡蘿蔔沙拉→鮪魚醬→佛卡夏的順序重疊，作成三明治。

`One Point`

●將鮪魚醬放入橄欖，會呈現稍微成熟一點的風味。

鮪魚醬×胡蘿蔔沙拉の三明治 *Tuna*

滑口的鮪魚醬和脆脆的胡蘿蔔，
形成的對比很美味！

酪梨×鮭魚×奶油起司×青紫蘇青醬の三明治

材料（2人份）

也建議使用這些麵團：

基本款佛卡夏 …………… ¼個

萵苣 …………………………… 2至3片

酪梨 …………………………… ½顆

青紫蘇青醬 …………………… 3大匙

（參閱P.55）

奶油起司 ……………………… 4大匙

煙燻鮭魚 ……………………… 6至8片

美乃滋 ………………………… 適量

【準備】

●將佛卡夏切成喜歡的大小，再切成一半的厚度備用。

●將酪梨切成厚度5mm，以青紫蘇青醬作成醃漬酪梨備用。

【作法】

依據佛卡夏→萵苣→奶油起司→煙燻鮭魚→酪梨→美乃滋→佛卡夏的順序重疊，作成三明治。

`One Point`

●以瀝乾水分的優格取代奶油起司亦可，呈現清爽的美味。

●生火腿或蝦子也很對味。

酪梨×鮭魚×奶油起司×青紫蘇青醬の三明治 *Avocado*

在三明治的經典配料中，以青紫蘇青醬當成調味的亮點。

以平底鍋烘烤

毋需烤箱！平底鍋也能作出令人驚喜的美味。

在野外也非常推薦這個烤法。

※到第二次發酵，和基本款佛卡夏的作法（參閱P.17至19）相同。

1.
將第二次發酵後的麵團放在鋪上烘焙紙的平底鍋上。

2.
淋上橄欖油，以手指壓出孔洞。

3.
撒上岩鹽後，蓋上鍋蓋，以中火加熱5分鐘。背面烘烤上色後，轉小火，蓋上鍋蓋，再烘烤10分鐘。

4.
取下鍋蓋，將平底鍋上下翻轉，以小火烤5分鐘。稍微上色後，以中火烤至喜歡的顏色即完成。

One Point

● 在此使用的是直徑26cm的平底鍋（推薦樹脂加工的款式）。

● 只限於上方沒有配料的佛卡夏，可以平底鍋烘烤。

● 依平底鍋或環境的差異，烘烤時間會有所不同，請依上記的標準調整火候和時間。

● 確實遵守烘焙紙的耐熱溫度和使用時間，請注意不要讓烘焙紙直接接觸火源。

● 沒有烤箱時的發酵環境，夏季以常溫發酵；冬天則將放入麵團的調理盆，置於倒入40℃左右的溫水的鍋裡（或調理盆），發酵會更順利地進行。發酵時間請參閱P.13。

40℃
左右

以烤盤大量烘烤

在派對場合烘烤佛卡夏，一定會獲得眾人的歡呼聲！

思考要切割的尺寸&形狀，也別有一番樂趣。

材料（40×30cm＊1模份）

A
- 高筋麵粉 ························· 750g
- 砂糖 ····························· 2大匙
- 鹽 ······························· 1大匙
- 乾燥酵母 ····················· 2小匙

- 溫水（約38℃） ············· 480㎖
- 橄欖油 ························· 90㎖

- 橄欖油 ························· 適量
- 岩鹽 ····························· 適量

【作法】

從揉製到靜置時間，和基本款佛卡夏的作法（參閱P.17至19）相同。

1．成形

將烤盤鋪上烘焙紙，再將麵團放到烤盤上，以手擀成均一的厚度。第二次發酵讓麵團膨脹至1.5倍，即表示完成。

2．烘焙

在麵團整體淋上橄欖油，以手指壓出孔洞。撒上岩鹽，烘烤至呈現漂亮的烤色。

■電子烤箱：以210℃烘烤25分鐘以上

完成！

> **One Point**
> ●此食譜以基本款佛卡夏的3倍份量計量。
> ●依烤箱的不同，烘烤的時間有所差異。
> 　請參考P.13的注意事項，調整烘烤時間。

製作佛卡夏Q & A

Q 揉捏麵團後，太過黏手，無法成團怎麼辦？

A 以手接觸麵團時，會有黏手的現象，因此，將會黏手的麵團以刮板一邊刮，一邊讓麵團成團。即使這麼作，還是無法成團的時候，慢慢地加入約1大匙的高筋麵粉，試著調整至容易揉製的狀態。

Q 完全不清楚第一次發酵完成的標準怎麼辦？

A 「麵團膨脹至（發酵前的）2倍左右的狀態」是這本食譜發酵完成的標準。如果不容易判斷，如右圖，放在透明容器裡，以膠帶貼出記號，請讓麵團發酵至高度約2倍。

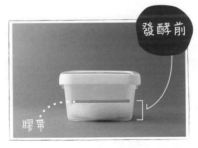
發酵前
膠帶

發酵後
膠帶

Q 擔心不知道麵團裡面有沒有熟怎麼辦？

A 為了確認受熱烘烤的狀況，請試著將佛卡夏翻面。若背面也上色，即表示受熱完整。

背面

Q 想使用家庭用麵包機簡單製作，但是該怎麼作呢？

A 到第一次發酵的步驟，可以使用家庭用麵包機。遵照使用機型的說明書，請使用比薩麵團的模式。

❶倒入粉類、砂糖、鹽、酵母、水分、油。

❷選擇比薩麵團的模式，按下啟動鈕。

❸完成後，取出調理盆，放入塑膠袋裡，讓麵團發酵膨脹至大約2倍（10分鐘以上）。

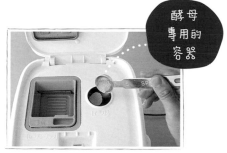

酵母專用的容器

Q 如果要製作比薩形式的佛卡夏，烘烤後，麵團卻黏糊糊的怎麼辦？

A 鋪上蔬菜的佛卡夏，蔬菜的水分容易移至麵團上，請將蔬菜上水分確實以紙巾擦乾。
不建議放入水分過多的蔬菜、蔬菜不要切太厚等這些都是必須注意的事項。

烘焙良品 68

簡單7Steps！
30款美味佛卡夏幸福出爐

作　　者／河井美步
譯　　者／簡子傑
發 行 人／詹慶和
總 編 輯／蔡麗玲
執行編輯／李佳穎
編　　輯／蔡毓玲・劉蕙寧・黃璟安・陳姿伶・李宛真
封面設計／陳麗娜
美術編輯／陳麗娜・周盈汝
內頁排版／造　極
出 版 者／良品文化館
郵政劃撥帳號／18225950
戶名／雅書堂文化事業有限公司
地址／220新北市板橋區板新路206號3樓
電子信箱／elegant.books@msa.hinet.net
電話／(02)8952-4078
傳真／(02)8952-4084

2017年9月初版一刷　定價280元

バター・卵なし！しっとり、もちもち！はじめてのおいしいフォカッチャ
©Miho Kawai & Shufunotomo Infos Co., Ltd. 2016
Originally published in Japan by Shufunotomo Infos Co., Ltd.
Translation rights arranged with Shufunotomo Co., Ltd.
Through Keio Cultural Enterprise Co., Ltd.

經銷／易可數位行銷股份有限公司
地址／新北市新店區寶橋路235巷6弄3號5樓
電話／(02) 8911-0825　　傳真／(02) 8911-0801

Miho Kawai

河井美步（Kawai Miho）
料理家。德島出生。
從大學時代開始，居住於京都十年。在知名的料理教室擔任講師、店鋪管理、人才培育、總公司的企劃開發等工作。離職後，以季節感料理為使命，進入以蔬菜為主角的料理教室「Cocochi」，並分別於東京的神樂坂和茨城的筑波市開辦課程。期間與在地食材、在地人、生活等種種美麗的邂逅，都成為製作料理的原動力。曾遠赴義大利，進行為期一個月的料理修業旅程，進而接觸到佛卡夏的烘焙料理。

STAFF

裝禎・排版設計／本吉明美、城野聖奈
攝影／工藤睦子
造型／中嶋美穗
編輯協力／坂根美季、中村貞子
校對／株式会社ぷれす
責任編輯／岡田澄枝（主婦の友インフォス）

國家圖書館出版品預行編目(CIP)資料

簡單7Steps!30款美味佛卡夏幸福出爐 /
河井美步著；簡子傑譯.
-- 初版. -- 新北市：良品文化館, 2017.09
　面；　公分. -- (烘焙良品；68)
ISBN 978-986-95328-0-8(平裝)

1.點心食譜

427.16　　　　　　　　　　　106014590

\Focaccia/

\Focaccia/